本书由国家重点研发计划"知识产权数据智能分析技术及知识产权服务评价、模式标准体系建设"（编号：2017YFB1401905）资助出版

# 专利文本挖掘与可视化
## ——技术、方法与系统实现

刘玉琴　汪雪峰　著

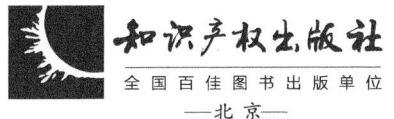

全国百佳图书出版单位

—北京—

图书在版编目（CIP）数据

专利文本挖掘与可视化：技术、方法与系统实现 / 刘玉琴，汪雪峰著. — 北京：知识产权出版社，2021.4
ISBN 978-7-5130-7449-0

Ⅰ. ①专… Ⅱ. ①刘… ②汪… Ⅲ. ①专利—数据采集—研究 ②可视化软件—应用—专利—研究 Ⅳ. ① G306

中国版本图书馆 CIP 数据核字（2021）第 048987 号

**内容提要**

本书通过开展专利文本挖掘与可视化技术研发，从专利数据采集技术、专利文本挖掘技术、信息可视化技术、软件工具开发、案例应用角度，对专利信息的分析利用开展系统性研究，以期为行业提供技术参考。

责任编辑：刘晓庆　　　　　　　　责任印制：孙婷婷

## 专利文本挖掘与可视化——技术、方法与系统实现
ZHUANLI WENBEN WAJUE YU KESHIHUA——JISHU、FANGFA YU XITONG SHIXIAN

刘玉琴　汪雪峰　著

| | | | |
|---|---|---|---|
| 出版发行：知识产权出版社有限责任公司 | | 网　　址：http://www.ipph.cn | |
| 电　　话：010-82004826 | | 　　　　　http://www.laichushu.com | |
| 社　　址：北京市海淀区气象路 50 号院 | | 邮　　编：100081 | |
| 责编电话：010-82000860 转 8073 | | 责编邮箱：laichushu@cnipr.com | |
| 发行电话：010-82000860 转 8101 | | 发行传真：010-82000893 | |
| 印　　刷：北京九州迅驰传媒文化有限公司 | | 经　　销：各大网上书店、新华书店及相关专业书店 | |
| 开　　本：720mm×1000mm　1/16 | | 印　　张：13.5 | |
| 版　　次：2021 年 4 月第 1 版 | | 印　　次：2021 年 4 月第 1 次印刷 | |
| 字　　数：200 千字 | | 定　　价：78.00 元 | |

ISBN 978-7-5130-7449-0

出版权专有　侵权必究
如有印装质量问题，本社负责调换。

# 目 录

## 第一篇　专利文本挖掘

### 第一章　数据采集技术 ····················································································· 3
第一节　静态网页数据采集 ······································································· 6
第二节　动态网页数据采集 ······································································· 9
第三节　网页信息抽取 ············································································ 15

### 第二章　专利文本挖掘技术 ············································································ 18
第一节　技术术语抽取 ············································································ 18
第二节　SAO 语义抽取 ··········································································· 20

### 第三章　专利文本挖掘应用 ············································································ 24
第一节　专利自动分类 ············································································ 24
第二节　专利侵权识别 ············································································ 29
第三节　专利质量评价 ············································································ 38
第四节　技术成熟度预测 ········································································· 42

## 第二篇 专利可视化

### 第四章 信息可视化技术 ............................................................. 51
- 第一节 层次结构信息可视化技术 ........................................ 51
- 第二节 网络结构信息可视化技术 ........................................ 54
- 第三节 技术主题图的可视化技术 ........................................ 62

### 第五章 专利可视化技术 ............................................................. 73
- 第一节 专利引证可视化 ........................................................ 73
- 第二节 同族专利可视化 ........................................................ 79
- 第三节 发明主体合作可视化 ................................................ 85
- 第四节 发明主体关联可视化 ................................................ 90
- 第五节 发明主体与技术热点关联可视化 ............................ 99
- 第六节 基于共词分析思想的专利共现可视化分析 .......... 104
- 第七节 大规模知识地形图可视化 ...................................... 106

## 第三篇 专利分析工具

### 第六章 专利分析工具对比 ....................................................... 113
- 第一节 专利分析工具功能 .................................................. 113
- 第二节 专利分析工具对比 .................................................. 115
- 第三节 国内专利分析工具问题分析 .................................. 126

### 第七章 ItgInsight 文本挖掘与可视化软件 ............................ 129
- 第一节 ItgInsight 系统简介 ................................................ 129
- 第二节 ItgInsight 关键技术 ................................................ 135

第三节　ItgInsight 下载与安装 ·················································· 144

第四节　ItgInsight 数据分析与可视化 ······································· 145

# 第四篇　专利分析案例

第八章　汽车智能驾驶技术专利分析 ············································· 165

# 第一篇

# 专利文本挖掘

# 第一章 数据采集技术

随着世界进入知识经济时代，特别是自 21 世纪以来，全球技术创新和知识产权竞争日益激烈，各国家和地区纷纷制定、实施知识产权战略，如美国、日本、英国、印度、韩国、欧盟等。正如温家宝所指出，世界未来的竞争，就是知识产权竞争。2008 年，我国国务院制定并开始实施国家知识产权战略。全球范围国家和企业专利竞争更趋白热化。当今，全球范围技术创新更快速发展，正进入创新集聚爆发和新兴产业加速成长时期。在这样的世界科技创新和市场竞争背景下，各国各行业、企业纷纷开展专利战略研究，依托本国和全球专利信息开展技术创新，开展国际国内专利战略布局和市场竞争。其核心所在，正是专利分析。[1]

我国改革开放后才开始实施专利制度，而西方发达国家已实施专利制度逾百年，因此而记录的世界范围技术创新活动信息的全球专利总量，已达数千万件。除了一件件专利技术单个信息本身，作为一片巨大的专利信息丛林，或者说专利信息海洋，更蕴藏了各技术领域的未来轨迹方向，以及各个国家和各个

---

[1] 彭茂祥. 智能化专利分析方法与系统研究 [D]. 北京：北京理工大学，2012.

企业研发战略方向和市场竞争未来轨迹等。面对巨量专利信息，如何科学地透视分析和运用这一创新信息资源的巨大宝库，以及如何在当今信息化时代创新专利信息分析理论方法和实务手段，创新运用信息管理理论与方法，创新运用信息科学技术，更科学化、高效化、自动化、高质量化地进行专利分析，迅速乃至跨越式地提高我国专利分析理论方法水平和实务水平，更有效、有力地支撑和直接服务于我国企业技术创新与知识产权管理，是我国实施国家知识产权战略，我国行业、产业和企业实施专利战略所面临的一项重要战略性课题。而与此相对应的是，与发达国家相比，由于实施专利制度晚等多方面原因，我国专利信息分析理论方法水平和实务体系尚处于初步阶段，滞后于我国参与全球化竞争和创新发展的现实需要，这又凸显这项战略课题的迫切性。

专利分析也称"专利信息分析"或"专利情报分析"，它是竞争情报分析的重要形式，是在对专利文献进行筛选、鉴定和整理的基础上，利用文献计量学方法，对其所含的各种信息要素进行统计、排序、对比、分析和研究，从而揭示专利文献的深层动态特征，了解技术、经济发展的历史及现状，进行技术评价和技术预测。❶

专利分析过程主要分为数据检索获取、清洗加工和分析应用三个阶段，见图1-1。数据检索获取是专利分析的基础性工作，从目标技术领域资料分析开始，选择检索平台，制定检索策略，试检索，评估检索结果，调整检索条件，再到下载检索结果。清洗加工是为了保证分析结果的准确性而对数据进行的二次加工处理，如申请机构、发明人名称规范，相关专利筛选，技术分类，以及专利的技术性、创新性、风险性标注等。清洗加工一般采用人工的方式进行，随着文本挖掘技术的应用，有些分析工具和软件平台也加入了一些计算机辅助

---

❶ 曹雷. 面向专利战略的专利信息分析研究 [J]. 科技管理研究，2005（3）：97-100.

的手段,以减轻人工的工作量。分析应用则是专利数据和专利分析价值的体现。分析的方法与应用的目的紧密相关,从基本的维度统计到文本挖掘、信息可视化技术的应用,为用户提供管理决策、技术研发、法律诉讼等多个层次的支撑与服务。

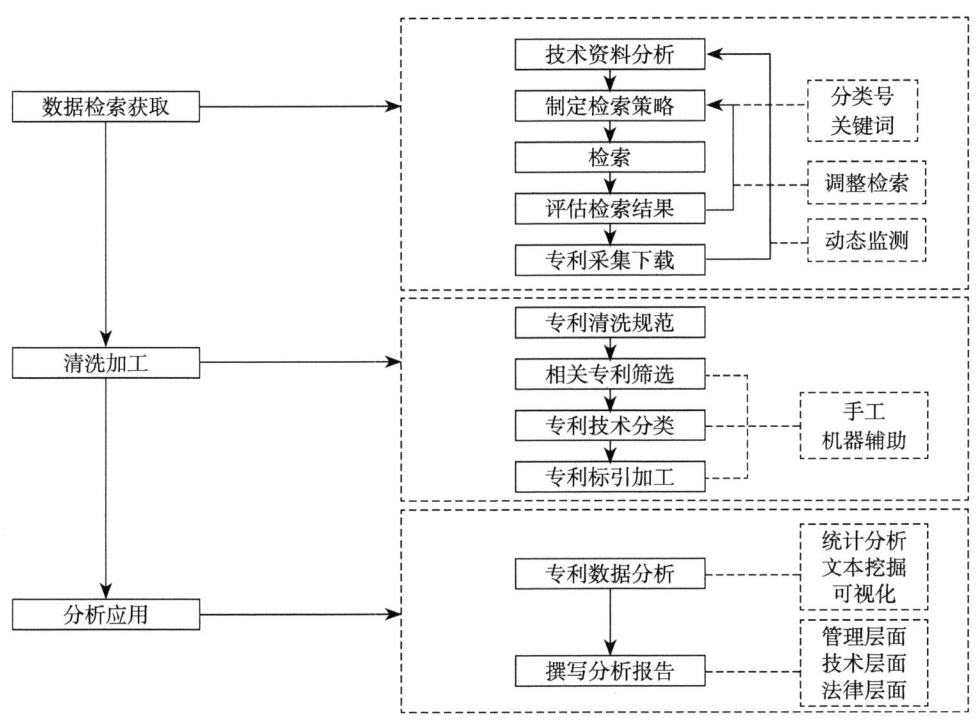

图 1-1 专利分析流程图

专利的著录信息、法律状态信息、引文信息、同族信息、权利转移信息和诉讼信息的获取,均涉及网络信息搜索获取技术。依托商业专利检索平台检索下载专利,或者用免费的官方专利数据库检索采集专利,是专利分析必不可少的环节。针对各类数据源的网络蜘蛛进行相关信息的采集和搜索，对于构建大规模专利数据集、节省人力和财力、提高分析效率具有重要的意义。本章先介绍专利数据采集方法，进而对专利文本挖掘技术和专利文本挖掘应用进行分析。

# 第一节 静态网页数据采集

静态网页数据采集是指针对那些已经存在的固定网页数据的采集。虽然专利数据采集很少涉及单纯静态网页数据的采集，但了解静态网页数据采集的基本原理，却是动态网页数据采集的基础。其原理在专利引文、同族采集中均适用。比如，遍历采集网易新闻所有的新闻内容，经典的搜索算法有广度优先搜索算法和深度优先搜索算法。可通过这两种算法遍历网页地址，结合程序下载页面的内容。

## （一）采集算法

### 1. 广度优先搜索算法

采用广度优先搜索算法进行专利数据的搜索采集时，将每个专利看成树形图中的结点。搜索时，从一个结点出发。这个结点可能是一个专利，也可能是一个检索条件，可以生成一个或多个新的结点，这个过程通常称为"扩展"。结点之间的关系一般可以表示成一棵树，被称为"解答树"。"解答树"节点的扩展是沿结点深度的"断层"进行的。也就是说，结点的扩展是按它们接近起始结点的程度依次进行的。先生成第一层结点，同时检查目标结点是否在所生成的结点中。如果不在，则将所有的第一层结点逐一扩展，得到第二层结点，并检查第二层结点是否包含目标结点。在对长度为 n+1 的任一结点进行扩展之前，必须考虑长度为 $n$ 的结点的每种可能的状态。

### 2. 深度优先搜索算法

正如算法名称那样，深度优先搜索算法所遵循的搜索策略是尽可能"深"地搜索。在深度优先搜索中，对于最新发现的顶点，如果它还有以此为起点而未被探测到的边，就沿此边继续搜索下去。当结点的所有边都已被探寻过，搜索将回溯到发现结点有那条边的始结点。这一过程一直进行到已发现从源结点可达的所有结点为止。如果还存在未被发现的结点，则选择其中一个作为源结点并重复以上过程，整个进程反复进行直到所有结点都被发现为止。

如图 1-2 所示，分别采用两种算法对树节点进行遍历，输出的顺序如下：

A→B→C→D→E→F→G→H→I→J→K→L→M，
A→B→D→H→I→E→J→C→F→K→G→L→M

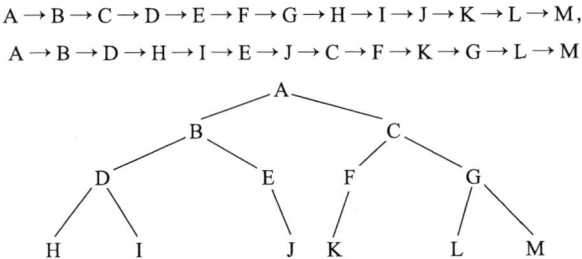

图 1-2　广度优先搜索算法示意图

两种搜索算法在专利搜索中都是非常重要的，尤其在专利引证、同族专利的搜索采集过程中。

## （二）网页下载

对于每一个单独的网页页面，每一种编程语言均有相应的方法获取该页面的内容，如同普通计算机浏览器一样。以 C# 语言为例，采集单个页面内容的计算机程序如下：

```
HttpWebRequest oHttpWebRequest;
HttpWebResponse oHttpWebResponse;
Encoding oEncoding;
string sURLFullPath;// 需要采集的静态网页 url 地址
oHttpWebRequest=(HttpWebRequest)WebRequest.Create(new Uri(sURLFullPath, true));
oHttpWebRequest.Timeout=configure.Timeout;
oHttpWebRequest.CookieContainer =RobotInternet.ct;
oHttpWebRequest.UserAgent = "Mozilla/5.0";
oHttpWebResponse = (HttpWebResponse)oHttpWebRequest.GetResponse();
sStatus=oHttpWebResponse.StatusCode.ToString();
if(oHttpWebResponse.StatusCode==HttpStatusCode.OK)
{
    StreamReader oStreamReader=new StreamReader(oHttpWebResponse.GetResponseStream(), Encoding.ASCII);
    sOutHtml=oStreamReader.ReadToEnd();// 被采集网页的 HTML 格式内容
    oHttpWebResponse.Close();
    oStreamReader.Close();
}
else
{
    sOutHtml="";
}
```

## 第二节　动态网页数据采集

在专利检索采集的实践中，检索服务平台往往是根据用户的检索条件，动态返回数据集。对于这类数据的采集，需要用户了解检索服务平台采用何种方式进行数据交互。一般来说，浏览器端的用户向检索服务器发送数据请求的方式有两种：一是 Get 方式；二是 Post 方式。这两种方式各有优缺点，但是具体使用哪种方式不是取决于浏览器端的用户，而是取决于服务器端的检索服务器。

### （一）Get 方式检索

美国专利商标局的检索系统采用 Get 方式接受用户请求，返回专利数据集。采用 Get 方式进行数据交互，其对应的采集方法相对简单，将用户请求的信息加入 url。比如，检索题目中含有 nano 的专利，未检索前，其地址为 http：//patft. uspto. gov/netahtml/PTO/search-adv. htm；输入检索条件后，其地址变为 http：//patft. uspto. gov/netacgi/nph-Parser?Sect1=PTO2&Sect2=HITOFF&u=%2Fnetahtml%2FPTO%2Fsearch-adv. htm&r=0&p=1&f=S&l=50&Query=ttl%2Fnano&d=PTXT。

不难看出，采用 Get 方式获取检索数据集，只要用网络地址即可。通过观察网络地址变化，即可获取检索结果。然后，再将 Get 方式的网络地址作为静态网页地址处理。

### （二）Post 方式检索

多数专利检索系统采用 Post 方式进行数据提交。这种方式隐藏了一些技术细节，需要技术人员对网站进行分析才能正确地采用编程方式获取检索结果。

比如，用中国专利公布公告系统检索题目中含有"纳米"的专利。未检索前，其地址为http：//epub. cnipa. gov. cn/gjcx. jsp；输入检索条件后，其地址变为http：//epub. cnipa. gov. cn/patentoutline. action。尽管检索地址变化了，但是并没有体现检索条件。实际上，无论输入何种检索条件，检索后的地址均为http：//epub. cnipa. gov. cn/patentoutline. action。这时候，需要编写Post方式的数据请求。以C#语言为例，Post方式获取服务器返回结果的代码如下：

```
public bool HttpPost (string sURL, string sPostData, out string sOutHtml, out string sStatus)
{
        sOutHtml="";
            sStatus="";
            HttpWebRequest oHttpWebRequest；
            HttpWebResponse oHttpWebResponse；
            Encoding oEncoding；
            oEncoding=Encoding. GetEncoding (configure. Encode)；
        oHttpWebRequest= (HttpWebRequest) HttpWebRequest. Create (sURL)；
            oHttpWebRequest. Method="POST"；
        oHttpWebRequest. ContentType = configure. ContentType；
            oHttpWebRequest. Accept=configure. Accept；
            oHttpWebRequest. Timeout=configure. Timeout；
        StreamWriter oStreamWriter=new StreamWriter (oHttpWebRequest. GetRequestStream (), oEncoding)；
            oStreamWriter. Write (sPostData)；
            oStreamWriter. Close ()；
oHttpWebResponse= (HttpWebResponse) oHttpWebRequest. GetResponse ()；
        if (oHttpWebResponse. StatusCode==HttpStatusCode. OK)
```

```
            {
                StreamReader oStreamReader=new
StreamReader(oHttpWebResponse.GetResponseStream(),Encoding.Default);
                sOutHtml=oStreamReader.ReadToEnd();

                oHttpWebResponse.Close();
                oStreamReader.Close();
                return true;
            }
            else
            {
                sOutHtml="";
                return false;
            }
        }
```

sURL 和 PostData 分别为服务器接收用户请求的网络地址和 Post 格式的检索条件。因此，Post 方式获取专利检索结果，关键点变成了如何识别 sURL 和 PostData。然而，这并不容易。借助一些第三方工具有助于发现这些信息。比如，利用软件 fiddler，可以观察到上述检索条件形成的 PostData 为 showType=1&strSources=&strWhere=%28TI%3D%27%E7%BA%B3%E7%B1%B3%27%29&numSortMethod=&strLicenseCode=&numIp=&numIpc=&numIg=&numIgc=&numIgd=&numUg=&numUgc=&numUgd=&numDg=&numDgc=&pageSize=3&pageNow=1。

## （三）应用 Python+Selenium 模拟浏览器行为下载

除了常规的 Get 方式和 Post 方式获取检索服务器的数据集，一些商业专利检索系统采用更复杂的混合模式，使专利数据采集更加困难。以加拿大科睿唯安的 web of science 中的德温特专利数据为例，该平台对于用户检索出的结果，可以按照每 500 条数据一组进行分组下载。这种做法极大地节约了下载时间。然而，当数据量较大时，人工下载仍然需要一些相对耗时的操作。通过计算机程序采集，不能简单地通过 Get 方式或 Post 方式获取检索结果。为此，笔者提出了应用 Python 语言 + 自动化测试工具 Selenium 进行计算机模拟人类检索、下载的过程。例如，下面是 Python 代码实现德温特专利数据批量下载的运行过程：

（1）自动启动 Web 浏览 Chrome，并转到德温特高级检索页面。

（2）人工输入检索条件，点击检索按钮。

（3）程序提示用户是否登录完成，是否进行了检索；如果是，就开始批量下载。

（4）用户按任意键告知程序可以进行批量下载，程序将用户检索结果全部采集到本地。

```
class robot_dii：
    browser=""
    count = 0
    def down (self, start, end)：
        time.sleep (random.randint (5, 10))
        try：
            button_save_other = self.browser.find_element_by_xpath ('//*[text()
="导出为其他文件格式"]')
            if (button_save_other)：
```

```
                button_save_other.click()
                    time.sleep(1)
            except Exception as e:
                print(e)
            print('runining')
            if(is_visible_byid(self.browser,"markFrom")):
                self.browser.find_element_by_id("markFrom").clear()
                    self.browser.find_element_by_id("markFrom").send_keys(str(start))
                time.sleep(1)
            if(is_visible_byid(self.browser,"markTo")):
                self.browser.find_element_by_id("markTo").clear()
                self.browser.find_element_by_id("markTo").send_keys(str(end))
                time.sleep(1)
            if(is_visible_byid(self.browser,"bib_fields")):
                Select(self.browser.find_element_by_id("bib_fields")).select_by_visible_text(u"全记录")
                time.sleep(1)
            if(is_visible_byid(self.browser,"saveOptions")):
                    Select(self.browser.find_element_by_id("saveOptions")).select_by_visible_text(u"纯文本")# 纯文本 制表符分隔(Win
                time.sleep(1)
                self.browser.find_element_by_xpath('//*[@id="exportButton"]').click()
            #下载一页间隔多少秒
            #time.sleep(random.randint(15,20))
            #self.browser.find_element_by_link_text(u"关闭").click()
    def browser_get_count(self):
```

```python
            label_count= self.browser.find_element_by_xpath('//*[@id="hitCount.top"]')
            if(label_count):
                self.count=int(label_count.text.replace(',',''))
    # 打开浏览器，输入用户密码后开始工作
    def browser_user_init(self):
        # 打开浏览器
        options = webdriver.ChromeOptions()
        options.add_experimental_option("excludeSwitches", ["ignore-certificate-errors"])
        self.browser = webdriver.Chrome(chrome_options=options)
        # 输入网址，登录后开始工作
self.browser.get(url) #url 为默认的任意网络地址
        # 确定能够检索数据
        input("确认登录了吗？按任意键继续！");
        self.browser_get_count();
        time.sleep(2)


# 程序入口
if __name__ == '__main__':
    robot=robot_dii()
    robot.browser_user_init()
    group=0
    if(robot.count%500==0):
        group = int(robot.count/500)
    else:
        group = int(robot.count/500) +1
    # 从第几页开始
```

```
for current in range (0, group):
    start=current*500+1
    end=min (robot.count, start+499)
    print (str (current) +":"+str (start) +"-"+str (end))
    i=1
    while (i<=3):
        try:
            robot.down (start, end)
            break
        except Exception as e:
            file = open ('exception_sci.txt','a')
            file.write(str(current)+":"+str(start)+'-'+str(end)+'\n')
            file.close ()
            print (e)
```

## 第三节　网页信息抽取

采集专利原始格式为 HTML 格式，需要对内容进行过滤、抽取，筛选有用的信息，删除无用的信息，进而将其转化为更结构化、语义更清晰的格式。从 HTML 中抽取有用的专利信息方式，主要有正则表达式方式、CSS 选择器方式、XPath 方式。无论按哪种方式，都需要对 HTML 网页结构有较清晰的了解，还要熟悉正则表达语法、CSS 选择器语法和 XPath 语法。以下采用正则表达式进行每个专利 HTML 页面抽取。

\bAppl\b (\s|.) *?&lt; B&gt; (?&lt; ApplyNumber&gt; (\s|.) *?) &lt; /B&gt;// 抽取申请号　　\bAppl\b (\s|.) *?&lt;B&gt;(\s|.) *?&lt;/B&gt;(\s|.) *?Filed (\s|.) *?&lt; B&gt; (?&lt; ApplyDate&gt; (\s|.) *?) &lt; /B&gt; // 抽取申请日

\bAssignee：(\s|.) *?&lt；B&gt；(?&lt；Applicator&gt；(\s|.) *?) &lt；/TD&gt；// 抽取申请人

\bAttorney\b，\s*\bAgent\b ((\s|.) *?) &lt；/I&gt；(?&lt；Attorney&gt；(\s|.) *?) &lt；BR&gt；// 抽取发明人

\bAttorney\b，\s*\bAgent\b ((\s|.) *?) &lt；/I&gt；(?&lt；AgencyOrganization&gt；(\s|.) *?) &lt；BR&gt；// 抽取代理人

\bField\b\s*\bof\b\s*\bSearch\b (\s|.) *?&lt；TD (\s|.) *?&gt；(?&lt；CategoryNumber&gt；(\s|.) *?) &lt；/TD&gt；// 抽取分类号

\bClaims&lt；/B&gt；(\s|.) *?&lt；HR&gt；(?&lt；Claim&gt；(\s|.) *?) &lt；HR&gt；// 抽取权利要求

AACO (?&lt；Country&gt；(\s|.) *?) (˜|&lt；) // 抽取国家

AAST\s (?&lt；CountryProvince&gt；(\s|.) *?) (˜|&lt；) // 抽取州

\bUnited\s*?States\s*?Patent\s*?&lt；/B&gt；&lt；TD&gt；(\s|.) *?&lt；B&gt；(?&lt；GrantNumber&gt；(\s|.) *?) &lt；/TD&gt；// 抽取授权号

\bUnited\s*?States\s*?Patent\s*?&lt；/B&gt；(\s|.) *?&lt；/B&gt；(\s|.) *?&lt；B&gt；(\s|.) *?&lt；B&gt；(?&lt；GrantedDate&gt；(\s|.) *?) &lt；/B&gt；// 抽取授权日

\bInternational\s*Class\:* (\s|.) *?&lt；TD (\s|.) *?&gt；(?&lt；IPC&gt；(\s|.) *?) &lt；/TD&gt；// 抽取国际分类号

\bInventors\b (\s|.) *?&lt；B&gt；(?&lt；Inventor&gt；(\s|.) *?) &lt；/TD&gt；// 抽取发明人

U.S.\sPatent\sDocuments&lt；/b&gt；&lt；/CENTER&gt；(\s) *?&lt；TABLE (\s|.) *?(?&lt；NativeReference&gt；((&lt；TR&gt；(\s|.) *?&lt；/TR&gt；\s*) {1，})) // 抽取引文

\bCENTER&gt；&lt；B&gt；Abstract&lt；/B&gt；&lt；/CENTER&gt；\s*&lt；P&gt；(?&lt；PatentAbstract&gt；(\s|.) *?) &lt；/P&gt；// 抽取摘要

\bForeign\b\s*?\bApplication\b\s*?\bPriority\b\s*?\bData\b (\s|.) *?&lt；TABLE\sWIDTH=″100%″&gt；(?&lt；Priory&gt；(\s|.) *?) &lt；/TABLE&gt；// 抽取优先权

\bUnited\s*?States\s*?Patent\s*?&lt;/B&gt;&lt;/TD&gt;(\s|.)*?&lt;B&gt;(\s|.)*?&lt;/B&gt;(\s|.)*?&lt;HR&gt;(\s|.)*?&gt;(?&lt;Title&gt;(\s|.)*?)&lt;//抽取专利名称

  抽取后的数据进入数据库后，还需要进行重复性校验，对重复数据进行归一处理。尽管学者们提出了各种数据的去重方法，但是，针对专利数据的去重归一处理，最有效的方法是利用专利自身的专利号，包括申请号、公开号和授权号进行，这是几乎所有带有专利数据采集功能软件普遍采用的去重方式。

# 第二章 专利文本挖掘技术

## 第一节 技术术语抽取[1]

术语是人类科学知识在自然语言中的结晶，人类科学探索的成果都要以术语的形式在自然语言中记录下来。术语集中体现和负载了一个学科领域的核心知识。术语的变化在一定程度上反映了一个学科领域的发展变化。随着科学技术的快速发展和在全球范围的传播，新的理论、概念、方法、技术、材料和工艺等层出不穷，同时也产生了大量的术语。这些术语对于了解领域科技进步有重要的价值。然而，信息时代文献的大爆炸使人们很难追踪术语的演化，迫切需要自动化的术语抽取技术来解决这个问题。

对术语现象最早进行研究的是英国的 Firth 等。Firth 在 1957 年提出了上下文理论，强调上下文的重要性。截至目前，国内外学者对自动术语抽取进行了大量的研究，提出了各种术语自动抽取的方法。这些方法可以归纳为语言学规则方法、统计学方法和混合方法。

---

[1] 韩红旗，朱东华，汪雪锋. 专利技术术语的抽取方法 [J]. 情报学报，2011, 30（12）: 1280-1285.

## （一）语言学规则方法

基于语言学规则的方法，通过分析术语上下文的特殊语法结构，主要利用词法、句法信息识别术语，是自动术语抽取研究中早期采用的一种方法。语言学规则给出了识别术语的简单方法，但由于语言学规则难以发现且大部分依赖人工的研究成果，特别是对开放语料而言，构词方法更为灵活，语言学规则难以得到准确的应用。尤其是随着现代科技的快速发展，新的术语层出不穷，发展速度非常快，靠人工来研究其语言学规律变得不可行和不可能，因此限制了此方法的进一步应用。

## （二）统计学方法

随着计算语言学的发展，统计学的方法在实验上取得了比基于规则的方法更好的效果。因此，20世纪80年代以后，语言学规则这一基础性的方法逐渐让位于统计学方法。和基于语言学规则的方法相比，统计学方法以统计学理论为基础，较少人工干预，具有更强的适用性和移植性。基于统计学的方法有互信息、Log-likelihood、Chi-squared 和 Z-scor 等。为了评估一个词语是不是术语，研究者提出了"术语度"的概念。术语度值越大，表明一个词是真术语的可能性就越大。

## （三）混合方法

基于语言学规则的方法简单有效，但依赖手工处理；基于统计学的方法适用性强，但较为复杂烦琐。因此，有人在自动术语抽取中将语言学规则的方法和统计学的方法结合使用，称为"混合方法"。实际上，近些年提出的自动术语抽取算法大多采用混合方法。采用语言学规则的方法主要有词性标注、语言学过滤准则和停用词等。统计学的方法一般是根据统计抽取候选术语，或采用某种方法如互信息等，来评价抽取的候选术语的术语度。在提出的术语抽取方法中，Frantzi 提出的 C-value 和 NC-value。目标在于精确地抽取术语，较好地解决了嵌套术语的抽取问题。

# 第二节　SAO 语义抽取

## （一）SAO 是什么

SAO 语义结构是一种从文本语料中抽取的三元组结构，能够通过"主语"（Subject，S）和"宾语"（Object，O）及二者间的"行为"（Action，A），识别语料中的主题及主题间的关系，可描述科技文本中组件之间的关联关系（因果关系）。其中，Subject 和 Object 是以名词为基础的词或词组。这些词或词组与所研究的主题相关，可以代表系统的组件；Action 是以动词为基础的结构，用以表达 Subject 与 Object 间的关系，通常用来描述这些组件如何实现功能，如操作、使用和关联等。因此，通过提取科技文本的 SAO 语义结构信息，可以获取技术关键词和关键技术及其组件间的关系。显然，SAO 语义结构的有效识别是相关研究的基础。目前，学者通常采用 NLP 技术来提取 SAO 语义结构，具体包括基于统计的 SAO 语义结构识别和基于符号的 SAO 语义结构识别。

## （二）SAO 应用

随着对 SAO 语义结构特性的深入挖掘，SAO 结构已被广泛应用于期刊和专利等文献的技术挖掘和主题分析研究中，主要体现在以下几方面。

（1）科技情报信息提取，如语义检索❶、基于SAO发现文献深层次知识❷、基于SAO识别功能信息❸、识别技术机会❹、制定技术规划❺、提取知识基因❻、识别技术组件❼、抽取"问题和解决方案（P&S）模式"❽。

（2）相似性分析，如发明人相似性❾、专利文档相似性❿、技术相似性⓫、基于SAO相似性的专利侵权风险分析⓬、基于SAO相似性识别潜在并购对象⓭或者识别技术竞争趋势。

---

❶ 黄承慧，印鉴，侯昉．一种基于主谓宾结构的文本检索算法[J]．计算机科学，2010，37（9）：173-176．

❷ 温浩，温有奎．基于语义互补推理的文献隐含知识的发现方法研究[J]．计算机科学，2014，41（6）：171-175．

❸ CASCINI G，FANTECHI A，SPINICCI E. Natural language processing of patents and technical documentation//Marinai S，Dengel A. Document Analysis Systems VI [M]. Springer Berlin Heidelberg，2004：508-520.

❹ YOON J，KIM K. Identifying rapidly evolving technological trends for R&D planning using SAO-based semantic patent networks [J]. Scientometrics，2011，88（1）：213-228.

❺ CHOI S，PARK H，KANG D，et al. An SAO-based text mining approach to building a technology tree for technology planning [J]. Expert Systems with Applications，2012，39（13）：11443-11455.

❻ 许琦，顾新建．一种基于Subject-Action-Object三元组的知识基因提取方法[J]．浙江大学学报（工学版），2013，47（3）：385-399．

❼ GUO J F，WANG X F，LI Q R，et al. Subject–action–object-based morphology analysis for determining the direction of technological change [J]. Technological Forecasting and Social Change，2016，10（5）：27-40.

❽ 杜玉锋，季铎，姜利雪，等．基于SAO的专利结构化相似度计算方法[J]．中文信息学报，2016，30（1）：30-35．

❾ MOEHRLE M G，WALTER L，GERITZ A，et al. Patent-based inventor profiles as a basis for human resource decisions in research and development [J]. R&D Management，2005，35（5）：513-524.

❿ 胡正银，方曙，张娴，等．个性化语义TRIZ构建研究[J]．图书情报工作，2015，59（7）：123-131．

⓫ 李欣，王静静，杨梓，等．基于SAO结构语义分析的新兴技术识别研究[J]．情报杂志，2016，35（3）：80-84．

⓬ BERGMANN I，BUTZKE D，WALTER L，et al. Evaluating the risk of patent infringement by means of semantic patent analysis：the case of DNA chips [J]. R&D Management，2008，38（5）：550-562.

⓭ PARK H，REE JASON J，KIM K. Identification of promising patents for technology transfers using TRIZ evolution trends [J]. Expert Systems with Applications，2013（40）：736-743.

（3）各种图谱分析，如基于 SAO 语义结构构建专利地图、基于 SAO 语义结构绘制技术路线图和基于 SAO 语义结构构建网络图谱等。

## （三）SAO 提取方法

### 1. 基于统计的 SAO 语义结构识别

基于统计的方法通常使用数学统计和机器学习算法来学习语言现象。目前，用于识别 SAO 语义结构较常见的统计学算法主要有三种：①共现算法，使用对数似然比算法给共现名词对分配关系标签，以识别不同主题间的语义关系；②条件随机场，使用条件随机场进行语义关系抽取；③支持向量机，基于支持向量机的机器学习方法进行关系抽取。也有研究将统计学方法用于 SAO 语义结构的清洗，将统计学方法用于筛选 SAO 语义结构。

总体而言，基于统计的 SAO 语义结构识别正在成为关系抽取的热点。该类方法往往能发现语料中包含的固有规律，过滤掉容易引起人类误判的偶然性语法表达。但基于统计的方法多集中在基于命名实体识别的特定实体关系抽取上，抽取关系时，往往需要预定义实体间（如 S 和 O）关系。如果采用有监督的学习方法，则需要进行大量的人工标注，其学习算法是一个黑箱，过程不太直观。同时，基于统计的 SAO 语义结构识别过程也未考虑所抽取的 SAO 语义结构是否与主题具有相关性。如果将命名实体识别和关系识别分开进行，虽然简化了 SAO 语义识别过程，但割裂了实体与实体间关系的相关性。如果实体对的识别准确率不高，则会影响 SAO 语义结构的整体识别，从而显著影响后续的应用研究。

## 2. 基于符号的 SAO 语义结构识别

基于符号的 SAO 语义结构识别强调合理的语法规则设计，目前的大多数研究均采用基于符号的方法识别 SAO 语义结构。目前，市场上主要的 SAO 语义结构识别工具 KnowledgistTM 2.5 是基于符号方法抽取的，但该工具使用语义检索功能获取 SAO 语义结构，因此只能获得与检索语句相关的 SAO 语义结构，其查全率和查准率相对有限。总体而言，基于符号的方法其识别过程是非监督的，不需要人工标注大量语料，而且识别过程相对直观、可控，通过改变规则可以直观地改变识别结果，获得所需 SAO 的语义结构。但这种方法成本较高，需要人工设计大量规则，根据规则设计情况，查全率和查准率起伏较大，同时也会引起矩阵稀疏性问题。

# 第三章 专利文本挖掘应用

## 第一节 专利自动分类

### (一) 专利分类作用

分类就是将一篇文章、文本识别出来,按照先验的类别或主题进行匹配、确定。传统上,文本分类采用手工操作。然而,随着社会的进步和科技的发展,文本量急剧增多,分类工作需要消耗大量的时间和成本。在这种情况下,继续手工分类似乎不太现实。因此,文本自动分类成为许多科学工作者的研究热点。

专利作为一种特殊的文本,包含技术、市场与其他类型资料的关系等多方面的大量信息,已经引起了人们的高度重视。世界每年的专利申请量以100多万件的速度递增,目前,历年累计总量近1亿件,我国专利数量也在200万件以上。面对这些海量数据,为了尽快找到所需要的专利信息,每一件被核准的专利都会按照其技术内容被分配到某一个或几个国际专利分类号(IPC)中,以加快检索速度。同时,通过国际性的IPC技术分类,可以分析某技术领域的现状，识别关键技术；反映技术的发展变化周期；监测主要竞争对手的技术竞争力，为公司制定竞争策略提供支持，为国家的宏观政策提供有价值的参考。

## （二）专利分类方法

IPC 分类号包括与发明创造有关的全部知识领域，知识产权部门的专利审查员需要对新申请的专利分类，赋予相应的 IPC 分类号。人工完成工作量很大，费时费力。采用自动或半自动辅助分类，可减少人为分类的不确定性和分类错误，并减少审查员的工作量。

然而，专利的分类并不容易，主要原因如下：

（1）IPC 类别繁多，最新版有近 70000 个类别，同时还有大量的科技术语；

（2）IPC 类别中经常出现一些交互参考性的描述，如"H02N 99/00：本小类其他组不包含的技术主题""H02P 5/04：转入 H02P 29/04"等；

（3）专利用语不规范，含有大量的模糊性、概括性的语言用以扩大自己的专利权范围；

（4）某些专利需要分配多个分类号。

## （三）IPC 层次结构特征

IPC 是一个复杂的层次结构分类系统，分为部、大类、小类、主组和子组五个层次，依据 1971 年订立、1975 年生效的国际条约——《国际专利分类斯特拉斯堡协定》制定。为适应科学技术的发展，IPC 每五年修订一次，目前第十一版包括约 70000 个技术类别，于 2020 年 1 月 1 日正式生效。

IPC 将所有的技术领域分为 8 个部，分别用英文字符 A~H 表示。A："人类生活必需"；B："作业，运输"；C："化学，冶金"；D："纺织，造纸"；E："固定建筑物"；F："机械工程，照明，加热，武器，爆破"；G："物理"；H："电学"。每一个部又分为若干个大类，用表示部的字符加上两个阿拉伯数字表示，如 A01。大类以下是小类，表示形式是在大类的后面加上一个英文，如 A01B。依次进行，小类又分为组，包括主组和子组，从而构成了一个层次结构。完整的 IPC 结构以部为根节点，以子组为叶节点。到组的这个层次时，已经有近 70000 个技术类别，所以这个系统是非常庞大的。

同时，在 IPC 各个层次上，每一个类别都有其对应的类别描述信息，这些描述随着层次深化，详细程度也在不断加深。以 H 部为例，H："电学"；H01："基本电气元件"；H01B："电缆、导体、绝缘体，材料的导电、绝缘或介电性能的选择"；H01B1/00："按导电材料特性区分的导体或导电物体，用作导体的材料选择"；H01B1/02："主要由金属或合金组成的"。可以看出：IPC 类别层越高，类别描述的抽象程度越大，尤其是部和大类，层次越低描述得越细致；下一个层次的描述是对上一个层次的细化，小组的描述不能脱离其对应的主组独立看待。比如，H01B1/02（小组），如果不了解 H01B1/00 则很难从它的字面描述获得准确的信息。

## （四）基于文本挖掘技术的专利自动分类

现有的专利分类研究忽略了一个重要的信息，即 IPC 技术类别本身的类别描述。然而，IPC 近 70000 个技术类别的描述所提供的信息量是非常庞大的，也是很有价值的；在现实中，专利审查员对专利进行分类，所依据的也是这些。以下专利分类方法就是基于 IPC 层次结构、充分利用这些类别信息、结合现有专利、利用经典的文本分类算法，从而实现专利的自动分类。

目前，较为著名的文本分类算法包括支持向量机（SVM）、K 近邻法

（KNN）、朴素贝叶斯法（NB）、神经网络法（NN）等。这些方法无论哪一种都可以用来为专利分类服务，证明 IPC 类别描述的重要性。因此，仅以 KNN 分类算法为例构建分类过程，思想就是把每个 IPC 类别描述看作 KNN 算法中能够用以对文本进行分类的"训练样本"，图 3-1 为专利的自动分类流程。

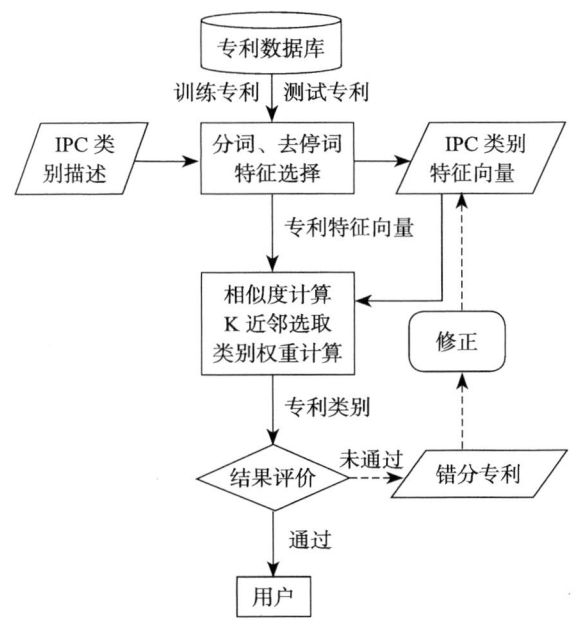

图 3-1　专利自动分类流程

分类过程按照部、大类、小类和组四个层次的顺序进行，也就是先确定部号，其次是大类号，再次是小类号，最后是组号。举例来说，当确定某专利属于 A 部时，在进一步确定大类时只计算 A 下类别与该专利的相似程度，这样就避免了将该专利分配到 B 下的大类中。确定小类、组时也是如此。这样做一定程度上可降低错误的发生，也符合实际的分类过程。具体过程如下。

**1. 建立 IPC 各层次类别特征向量**

第一,将各子组的类别描述并入其所属主组,作为基本描述。然后,进行分词、去停词处理。

第二,建立 IPC 小类层次的类别特征向量。将每个基本描述作为一个 KNN 算法中的一个"训练样本"。特征选择后,每个基本描述词语向量构成小类层次特征向量空间中的一个点,用 $\{V_{A01\ B1/00}, V_{A01\ B3/00}, \cdots, V_{H05\ K13/00}\}$ 表示。其中,A01 B1/00 为 IPC 中第一个主组,H05 K1/300 为 IPC 中最后一个主组。

第三,建立 IPC 大类层次的类别特征向量。将同一小类下的所有基本描述合并,作为一个"训练样本",特征选择后构成大类层次特征向量。用 $\{V_{A01\ B}, V_{A01\ C}, \cdots, V_{H05\ K}\}$ 表示。其中,A01 B 为 IPC 中第一个小类,H05 K 为 IPC 中最后一个小类。

第四,建立 IPC 部层次的类别特征向量。将同一大类下的所有基本描述合并,作为一个"训练"样本,特征选择后构成部层次特征向量。用 $\{V_{A01}, V_{A21}, \cdots, V_{H05}\}$ 表示。其中,A01 为 IPC 中第一个大类,H05 为 IPC 中最后一个大类。

**2. IPC 类别特征向量修正训练**

第一,读入训练专利 $X$,分词、去停词、特征选择。

第二,分配部层次 IPC 号。若 $X$ 不是零向量,计算 $X$ 与 $\{V_{A01}, V_{A21}, \cdots, V_{H05}\}$ 中每一向量的相似度:$\text{Sim}(X, V_i) = \dfrac{X \cdot V}{\|X\| \|V_i\|}$,即夹角余弦。计算 $X$ 属于 A~H 部的权重:

$$P(X, \text{IPC}_j) = \sum_{V_i \in \text{KNN}} \text{Sim}(X, V_i) I(V_i, \text{IPC}_j) \qquad \text{IPC}_j \in \{A, B, \cdots, H\}$$

将专利分配到权重最大的那个部内。为使下面的叙述更加清楚,假设专利被分配到 A 部。若分配正确，则转入第三步，否则转入第五步。

第三，分配大类层次 IPC 号。该步骤同第二步。此时，$IPC_j \in \{A01, A21, \cdots, A63\}$。假设专利被分配到 A01，若分配正确，则转入第四步，否则转入第五步。

第四，分配小类层次 IPC 号。该步骤同第二步。此时，$IPC_j \in \{A01B, A01C, \cdots, A01N\}$。假设专利被分配到 A01B，若分配正确，则转入第五步，否则转入第六步。

第五，分配组层次 IPC 号。该步骤同第二步。此时，$IPC_j \in \{A01B1/00, A01B3/00, \cdots, A01B79/00\}$。

若分配正确，停止训练，否则转入第六步。需要注意的是，此时的 K 近邻只是 1 近邻。经过修正训练后，K 的值可以逐渐增加。

第六，记录每个层次每个类别的错分专利，当这些专利达到一定数量后，计算它们的中心向量并将其加入相应层次相应的 IPC 类别向量中，作为一个"训练样本"。经过多次训练后，IPC 特征向量得到修正，可以作为以后分类的基础。

训练的目的是将 IPC 类别信息与现有专利结合起来，获得尽可能准确的类别特征向量。这样，经过训练后的分类系统就可以投入实际"生产"了。

## 第二节  专利侵权识别

当进行产品开发、专利申请或判断已申请专利的有效性以及进行专利权诉讼时，一项非常重要的工作就是通过搜索专利数据库寻找相关专利。这些相关专利很有可能使某项专利发明无效，通常称这种目的的专利检索为"专利侵权检索"[1]。侵权检索的目的是找出与某一专利权利要求相关的专利，通过这些专利使该权利

---

[1] 刘玉琴. 基于引文关系的专利情报可视化数据挖掘[D]. 北京：北京理工大学，2008：1-10.

要求无效,甚至使整个专利无效。它是一种专利对专利的检索方式,在检索中采用时间进行检索限制可以了解技术的新颖程度。专利侵权检索通常由知识产权部门专利审查员进行。随着企业对专利的重视,企业内部也逐渐开始进行相关的检索,以达到实施自己专利战略的目的。然而,无论是企业的管理者、专利发明者、专利申请者,还是专利审查员,在庞大的数据库中找出相关专利并不容易。网络上有一些免费的专利检索系统,但这些系统大多使用布尔型检索进行简单的匹配,既没有采用有效的检索算法,也没有考虑专利文献的结构特征,检索效率低下。

## (一)专利检索研究

商业专利检索系统已经存在很长时间了,但相关学术研究直到近些年才得到信息检索和自然语言理解研究人员的重视,相继召开了有关国际学术会议(SIGIR,2000[1];ACL,2003[2];NTCIR-3,2002[3];NTCIR-4,2004[4];NTCIR-5,2005[5][6])。在会议上,学者们提出了一系列有关专利检索方面的研究论文。这

---

[1] KANDO N, LEONG M K. Workshop on patent retrieval SIGIR 2000 workshop report[C]. ACM SIGIR Forum, 2000, 34 (1): 28-30.

[2] ACL 2003. Proceedings of ACL 2003 workshop on patent corpus processing [EB/OL]. [2007-06-16]. http://www.slis.tsukuba.ac.jp/~fujii/acl2003ws.html.

[3] IWAYAMA M, FUJII A, KANDO N, TAKANO A. Overview of patent retrieval task at NTCIR-3[C]. In Proceedings of the Third NTCIR Workshop on Research in Information Retrieval, Automatic Text Summarization and Question Answering. Tokyo, Japan, 2003: 21-24.

[4] FUJII A, IWAYAMA M, KANDO N. Overview of patent retrieval task at NTCIR-4[C]. In Proceedings of the Fourth NTCIR Workshop on Research in Information Access Technologies, Information Retrieval, Question Answering and Summarization. Tokyo, Japan, 2004: 225-232.

[5] FUJII M, IWAYAMA M, KANDO N. Overview of patent retrieval task at NTCIR-5 [C]. In Proceedings of the Fifth NTCIR Workshop on Evaluation in Information Access Technologies, Information Retrieval, Question Answering and Cross-Lingual Information Access. Tokyo, Japan, 2005: 269-277.

[6] IWAYAMA M, FUJII A, KANDO N. Overview of classification subtask at NTCIR-5 Patent retrieval task [C]. In Proceedings of the Fifth NTCIR Workshop on Evaluation of Information Access Technologies, Information Retrieval, Question Answering and Cross Lingual Information Access. Tokyo, Japan, 2005: 269-277.

些研究主要是对英文、日文、韩文专利进行的，部分涉及中文也仅仅是将外国专利翻译成中文，并不是真正意义上的中文专利。涉及检索研究的内容多样化，包括技术勘查检索、技术侵权检索、专利自动分类和跨语言专利检索等。

技术侵权检索是专利检索研究中最热点的方向之一，采用的技术多以专利数据加工为基础，结合经典检索算法，如分布式检索、分步检索和聚类检索等进行检索模型的构建。

Larkey❶在美国国家专利局资助下采用分布式检索方法，结合美国专利文献特点设计英文专利检索系统。该系统能够同时实现技术侵权检索与专利自动分类处理。Tanioka❷基于向量空间模型建立分布式检索系统，使检索时间大大缩短；同时，采用支持向量机算法进行检索词的选择，使检索准确率提高。

Konishi❸设计专利侵权检索系统，先从权利要求中抽取用于检索的词语作为基本检索词，然后用事先确定的权利要求的表示模式来匹配专利的详细描述，进而得到相关检索词。确定检索词后，进行两步检索：第一步根据BM25算法将检索结果排序；第二步将第一步返回的结果中前项进一步重新排序。排序算法中考虑了国际专利分类号类别对词语权重的影响，以及权利要求的组成结构等信息。实验用NTCIR4日文专利数据测试，但测试效果并不好，

---

❶ LARKEY L S. A patent search and classification system [C]. In Digital Libraries99, The Fourth ACM Conference on Digital Libraries. Washington, USA, 1999: 79-87.

❷ TANIOKA H, YAMAMOTO K. A distributed retrieval system for NTCIR-5 patent retrieval task [C]. In Proceedings of the Fifth NTCIR Workshop on Evaluatuon of Information Access Technologies, Information Retrieval, Question Answering and Cross-Lingual Information Access. Tokyo, Japan, 2005.

❸ KONISHI K, KITAUCHI A, TAKAKI T. Invalidity patent search system of NTT DATA [C]. In Proceedings of the Fourth NTCIR Workshop on Research in Information Access Technologies, Information Retrieval, Question Answering and Summarization. Tokyo, Japan, 2004.

该方法有待于进一步测试。Konishi[1]对该方法做了进一步的改进,检索效果有所提高。

Kim[2]以国际专利分类号为聚类基础,将聚类检索应用到专利检索中。IPC是手工的层次分类系统,与自动聚类相比占有一定优势。他分别采用size-limit模型(人为控制类别规模)和cluster-expansion模型(增加相似类别到初始检索类别中)对NTCIR4日文专利数据进行实验。结果显示,前者比一般检索方法要好,并且随着类别规模的增大,平均准确率逐渐提高,但提高程度不明显;后者效果相对较差。Doi[3]采用层次聚类算法进行聚类检索,对NTCIR4,NTCIR5日文专利数据进行了检索测试。实验采用NTCIR4数据时的检索效果明显好于使用NTCIR5数据时的。

Kim[4]在对日文专利数据结构进行深加工的基础上,开展了相关检索方法的研究。实验证明,该方法非常有效,但在专利数据的处理上,需要耗费大量的人力。而Fujii[5]采用标点符号将专利权利要求分为若干部分,通过计算

---

[1] KONISHI K, KITAUCHI A. Query terms extraction from patent document for invalidity search [C]. In Proceedings of the Fifth NTCIR Workshop on Evaluatuon of Information Access Technologies, Information Retrieval, Question Answering and Cross-Lingual Information Access. Tokyo, Japan, 2005.

[2] KIM J, KANG I S, LEE J K. Cluster-based patent retrieval using international patent classification [J]. Lecture notes in computer science, 2006, 4285:205-212.

[3] DOI H, SEKI Y, AONO M. A Patent retrieval method using a hierarchy of clusters at TUT[C]. In Proceedings of the Fifth NTCIR Workshop on Evaluatuon of Information Access Technologies, Information Retrieval, Question Answering and Cross-Lingual Information Access. Tokyo, Japan, 2005.

[4] KIM J H, HUANG J X, JUNG H Y. Patent document retrieval and classification at KAIST [C]. In Proceedings of the Fifth NTCIR Workshop on Evaluatuon of Information Access Technologies, Information Retrieval, Question Answering and Cross-Lingual Information Access. Tokyo, Japan, 2005.

[5] FUJII A, ISHIKAWA T. Document structure analysis for the NTCIR-5 patent retrieval [C]. Proceedings of the Fifth NTCIR Workshop on Evaluatuon of Information Access Technologies, Information Retrieval, Question Answering and Cross-Lingual Information Access. Tokyo, Japan, 2005.

各部分的相似性,进而得到总体相似性。实验利用 NTCIR5 日文数据进行检索测试,测试结果显示该方法的检索效果稳定性有待提高。Takaki❶采用的检索方法与 Fujii 类似,不同之处在于各组成部分对整体的权重计算方法。他采用信息熵来计算各部分重要性,作为总体相似性计算的基础。

## (二)专利侵权检索

我国专利法规定权利要求书应当以说明书为依据,一项发明或者实用新型应当只有一项独立权利要求,并且写在同一发明或者实用新型的从属权利要求之前。❷独立权利要求:从整体上反映发明或者实用新型的技术方案,记载解决技术问题的必要技术特征。从属权利要求:如果一项权利要求包含另一项同类型权利要求中的所有技术特征,并对该另一项权利要求的技术方案做了进一步的限定,则该权利要求为从属权利要求。

撰写独立权利要求时,应当包括前序部分和特征部分。

前序部分:写明要求保护的发明或者实用新型技术方案的主题名称和发明,或者实用新型主题与最接近的现有技术共有的必要技术特征。

特征部分:使用"其特征是……"或者类似的用语,写明发明或者实用新型区别于最接近的现有技术的技术特征。这些特征和前序部分写明的特征合在一起,限定发明或者实用新型专利要求保护的范围。

---

❶ TAKAKI T, FUJII A, ISHIKAWA T. Associative document retrieval by query subtopic analysis and its application to invalidity patent search [C]. Proceedings of the 13th Conference on Information and Knowledge Management, Tokyo, Japan, 2004:399-405.

❷ 中华人民共和国国家知识产权局. 审查指南 [M]. 北京:知识产权出版社,2006:218-242.

设计的检索模型充分利用了权利要求的结构特征，在此基础上对专利重新分类。

权利要求分割词、中文发明或实用新型专利权利要求中，能够将前序部分和特征部分分割开的惯用词语，如"其特征是""其特点是""方法为"等。

独立权利要求分两部分撰写的目的，在于使公众更清楚地看出独立权利要求的全部技术特征中哪些是发明，或者实用新型与最接近的现有技术所共有的技术特征，以及哪些是发明或者实用新型区别于最接近的现有技术的特征。当然，在某些情况下，独立权利要求也可以不分前序部分和特征部分。例如，开拓性发明，由几个状态等同的已知技术整体组合而成的发明、已知方法的改进发明等。在这些情况下，专利的独立权利要求没有分割词。

现有的统计方法与机器学习理论可以用来为专利检索服务，但是专利文献是一种特殊的半结构化文本，有其自身的特征，在专利检索中应该考虑这些特征。在专利侵权检索中，要求较高的准确率。如果仅仅用权利要求或者摘要进行布尔匹配，或者使用简单的向量空间模型进行相似性计算并对结果进行排序，都难以获得满意的结果。

因此，结合中文专利权利要求的特征，设计下面的检索模型，其基本思想：以分割词划分专利类别，按类别进行词性选择；布尔检索与向量空间模型相结合提高召回率和准确率；前序部分与特征部分分别处理，以进一步提高准确率。

对 2000 年申请的发明专利中具有独立权利要求的 55866 件专利进行人工观察，统计出常用的 40 个分割词，将它们分为特征类、组成类和过程类三类，如表 3-1 所示。这些分割词能有效地将权利要求前序部分和特征部分分割开，分割率约为 94.6%。

表 3-1　中文专利独立权利要求分割词表

| 特征类 I | 组成类 II | 过程类 III |
|---|---|---|
| 特点在于，其特征，其特点，其特性，特征是，特征为，特征 | 其复合组分，主要由，是由，包有，包括，包含，含有，其具有，组成为，组成是，组成，处方是，组分为，其组成，其组分，其组分，各组分，以下成分，以下组分，成分为，成分，如下配方 | 过程为，工艺步骤为，工艺为，步骤，如下方法，生产方法，方法是，方法为，方法，方法，制备工艺 |

两步检索在信息检索领域应用广泛。Lim❶用该方法进行韩文技术查新的检索研究；Mase❷在专利深加工的基础上使用两步检索进行日文专利检索的有关研究。因此，依据已经确定的分割词，设计如下两步检索模型：第一步进行布尔初检，尽可能扩大检索的范围，提高检索召回率；第二步对输入独立权利要求和第一步返回的专利独立权利要求进行分割处理，按分割词划分专利，进行词性选择，构造向量空间模型，分别计算前序部分相似度和特征部分相似度，并根据两部分的相似度最终获得返回结果的相似度，从而完成结果的排序工作。这样既节省了计算的时间又提高了检索的准确性，因为在整个专利数据库中进行排序计算是不现实的。具体流程如图 3-2 所示。

（1）确定检索要素进行布尔检索。对输入的专利进行分析（输入专利可以是已经授权的，也可以是未授权、待审查的），根据独立权利要求确定检索要素后，利用同义词词典进行扩展，确定检索关键词。基本检索要素根据技术领域、技术问题、技术手段和技术效果等方面进行确定。

---

❶ LIM S S, JUNG S W, KWON H C. Improving Patent Retrieval System using Ontology [C]. The 30th Annual Conference of the IEEE Industrial Electronics Society. Busan，Korea，2004：2646-2649.

❷ MASE H, MATSUBAYASHI T, OGAWA Y. Proposal of two-stage patent retrieval method considering the claim structure [J]. ACM Transactions on Asian Language Information Processing（TALIP），2005，4（2）：190-206.

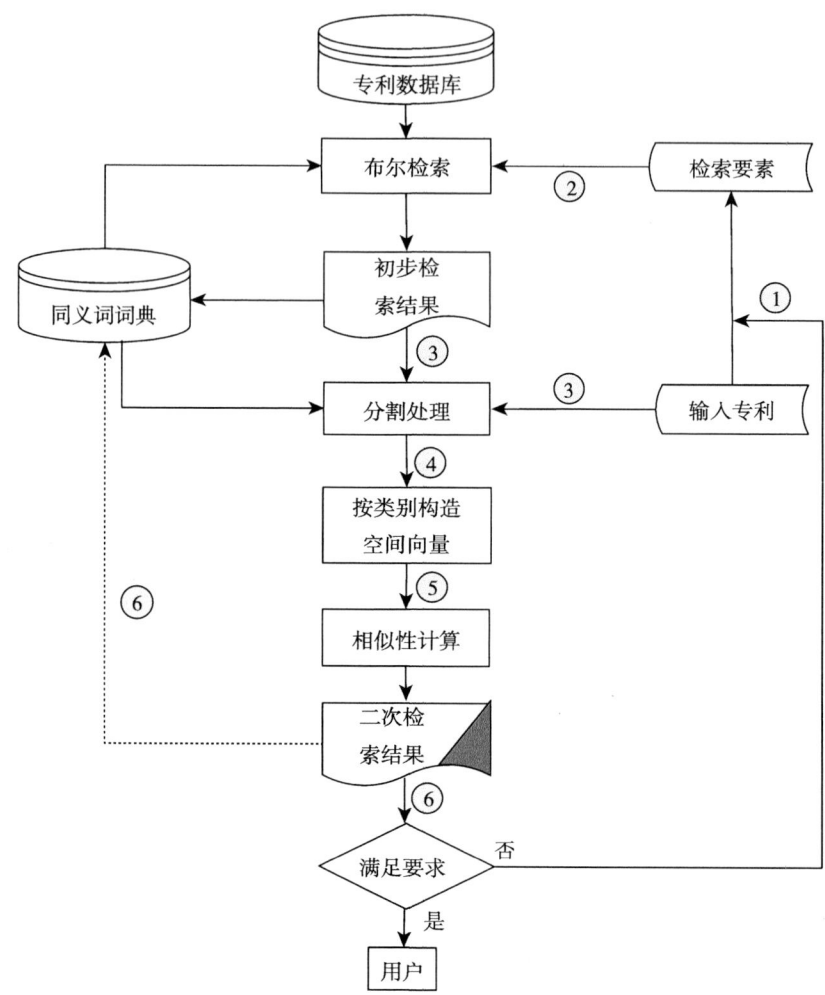

图 3-2 中文专利侵权检索模型流程

（2）利用关键词在专利数据库中进行布尔检索，获得初步检索结果并临时存储。

（3）分割处理。对输入专利的独立权利要求和第一步返回专利的权利要求进行分割处理。同时，按照分割词对专利进行类别的划分。划分的优先次序为

Ⅲ→Ⅱ→Ⅰ，即如果一件专利同时具有三类分割词，将其归为第Ⅲ类，如果该专利没有任何分割词，将其归为第Ⅰ类。

（4）按类别构造向量空间模型。专利所使用的分割词类别不同，其发明创造的内容也不尽相同。过程类的侧重新工艺、新方法的应用；组成类的侧重新产品的结构、成分特性；特征类的二者兼而有之。在建立向量空间模型时，各个类别不能"一视同仁"，要根据其侧重点建立空间向量。因此，当每个专利被分割处理后，根据其被分割的分割词判断其所属类别，选择不同词性的词作为向量空间的维度，具体的词性选择方法如表 3-2 所示。

表 3-2 中文专利侵权检索向量空间构造词性选择表

| 特征类Ⅰ | 组成类Ⅱ | 过程类Ⅲ |
| --- | --- | --- |
| 动词、名词、数词、量词、数量词、外文缩略词 | 名词、数词、量词、数量词、外文缩略词 | 名词、动词、外文缩略词 |

（5）相似性计算。对初步检索结果采用向量空间余弦距离公式进行相似性计算。计算方法如下：

$$\mathrm{Sim}(D_i, Q_i) = \alpha \cdot \mathrm{Sim}(D_i^p, Q_i^p) + (1-\alpha)\mathrm{Sim}(D_i^c, Q_i^c), \quad 0 \leqslant \alpha \leqslant 1$$

其中，$D_i^p \ (td_{i1}^p, td_{i2}^p, \ , td_{in}^p)$，$D_i^c = (td_{i1}^c, td_{i2}^c, \cdots, td_{in}^c)$，$D_i = (td_{i1}, td_{i2}, \cdots, td_{in})$ 表示返回结果专利独立权利要求的前序部分、特征部分和整个独立权利要求，$td_{ij}$，$td_{ij}^p$，$td_{ij}^c$ 表示相应部分关键词权重。同样，$Q_i^p = (tq_{i1}^p, tq_{i2}^p, \cdots, tq_{in}^p)$，$Q_i^c = (tq_{i1}^c, tq_{i2}^c, \cdots, tq_{in}^c)$，$Q_i = (tq_{i1}, tq_{i2}, \cdots, tq_{in})$ 表示输入专利独立权利要求前序部分、特征部分和整个独立权利要求，$tq_j$，$tq_{ij}^p$，$tq_{ij}^c$ 表示相应部分关键词的权重。

$\mathrm{Sim}(D_i^p)$，$\mathrm{Sim}(D_i^c, Q_i^c)$ 采用夹角余弦：

$$\text{Sim}(D_i^p, Q_i^p) = \frac{D_i^p \cdot Q_i^p}{\|D_i^p\| \|Q_i^p\|} = \frac{\sum_{i=1}^{n} td_{ij}^{\ p} \times tq_{ij}^{\ p}}{\sqrt{\sum_{i=1}^{n} td_{ij}^{\ p2} \sum_{i=1}^{n} tq_{ik}^{\ p2}}}$$

$$\text{Sim}(D_i^c, Q_i^c) = \frac{D_i^c \cdot Q_i^c}{\|D_i^c\| \|Q_i^c\|} = \frac{\sum_{i=1}^{n} td_{ij}^{\ c} \times tq_{ij}^{\ c}}{\sqrt{\sum_{i=1}^{n} td_{ij}^{\ c2} \sum_{i=1}^{n} tq_{ik}^{\ c2}}}$$

（6）人工观察检索结果是否达到检索要求（当输入为授权专利时，希望检索返回的排序在前的专利为未授权专利；当输入为未授权专利时，希望检索返回的排序在前的专利为授权专利）。如果没有达到要求，返回步骤1重新确定检索要素；否则，结束检索。这一步同时进行同义词词典的扩充，阅读检索结果，并将找出明显与检索要素同义的词语加到同义词词典中。

## 第三节 专利质量评价

### （一）专利质量评价的意义

专利质量评价包括对专利的价格或经济价值评价和专利技术价值评价，而现有的研究更多地集中于专利经济价值的评价。

理论上，专利的经济价值应该由专利权在市场上的出售信息作为依据，但专利交易市场的不完善导致此信息的收集很困难。目前，学术界通过两个数据变通求解这一问题：一是以简单统计的专利数量（申请量或授予量）作为专利变量；二是鉴于在大多数国家，专利权人为了使其专利有效必须交纳维持年费，那么关于专利维持的数据资料和维持费用表，就包含专利权质量分布的信息。Schankerman❶（1986）利用1950—1976年英国、法国、德国三个国家的专利维持率对其专利权质量做了评价。运用相似的方法，Richard❷（1994）评价了1852—1876年英国和爱尔兰的专利权质量。同样，高山行（2002）对中国的专利权质量进行了评估和分析，并与欧洲国家专利权质量进行比较❸。

对于专利技术价值的判定：Altshuller❹根据发明所解决的问题需要反复尝试次数将专利分为5个等级，实际上是对专利技术质量的评价。Mann❺根据专利的基本功能，重点考察了两类特殊的专利——降低成本的专利和弥补缺陷的专利——在产品技术生命周期中的变化情况。Chi❻研究小组重点研究了专利等级与专利被引用引次数之间的关系，简化专利等级的判断。但是，这种方法对专利引文记录数很少的技术领域却不太适用。因为这些往往是很新的技术，还没有建立起引文记录，影响了引用频率，进一步影响专利价值的判定。此外，我国专利缺少引文，也限制了该方法的使用。

这些现有的专利技术价值评价方法存在以下不足。

（1）对技术专家依赖程度高。如专利等级、降低成本的专利和弥补缺陷的

---

❶ SCHANKERMAN M，PAKES A. Estimates of the value of patent rights in European countries during the post-1950 period [J]. The Economic Journal，1986（96）：1052-1076.

❷ RICHARD J S. Estimates of the value of patent rights in Britain and Ireland，1852-1876 [J]. Economic，1994（61）：37-58.

❸ 高山行，郭华涛. 中国专利权质量估计及分析 [J]. 管理工程学报. 2002，16（3）：66-68.

❹ SLOCUM M S. Technology Maturity Using S–curve Descriptors [EB/OL]. [2007-05-05]. http ://www.triz-journal. com/archives/1998/12/a/index. htm.

❺ FRAUENS M W. Improved Selection of Technically Attractive Projects Using Knowledge Management and Net Interactive Tools [D]. Cambridge：MIT，2000.

❻ NARIN F. Tech-Line Background Paper [EB/OL]. [2007-05-05]. http ://citeseer. ist. psu. edu/cache/papers/cs/24773/http：zSzzSzchiresearch. comzSztechlinezSztlbp. pdf/unknown. pdf.

专利的确定，都需要技术专家的参与。专利引文记录虽然不受技术专家的依赖，但其应用的范围有限。

（2）工作量大。人工处理专利数据工作量大、成本高、费时费力。

（3）评价结果过于简单，很难做深入的对比研究。

将文本挖掘技术应用到专利质量评价中，实际上是对专利的技术价值进行评价。该方法借助文本挖掘技术挖掘隐含于专利数据中的内在的、客观的和定量的信息，引入技术新颖度度量函数量化技术的新颖程度，进而评价专利质量。

## （二）基于文本挖掘的专利质量评价

基于文本挖掘技术文档相似度定义的专利技术新颖度概念，用以量化专利技术新颖程度。相关的定义如下所示。

**定义1** 文档相关度。设文档 $D_i = (td_{i1}, td_{i2}, \cdots, td_{in})$，$Q_i = (tq_{i1}, tq_{i2}, \cdots, tq_{in})$，$td_{ij}$、$tq_{ij}$ 表示相应文档中关键词语的权重系数。这样将文档 $D_i$、$Q_i$ 转化为几何空间中的两个多维向量，定义二者的相似度为两个向量的距离函数。如果距离函数不同，则相似度计算方法也不同，最常见的度量方法为夹角余弦。

$$\text{Sim}(D_i, Q_i) = \frac{\sum_{i=1}^{n} td_{ij} \times tq_{ij}}{\sqrt{\sum_{i=1}^{n} td_{ij}^2 \sum_{i=1}^{n} tq_{ik}^2}}$$

常用词语权重计算方法有 $b_{d,t}$，$f_{d,t}$，$idf_t$。其中，$b_{d,t}$ 表示 $x$ 中词 $t$ 存在（1）与否（0），$f_{x,t}$ 表示 $x$ 中词 $t$ 出现的频度，$idf_t$ 表示词 $t$ 的倒排文档频度。❶

**定义2** 专利相似度。专利的摘要、权利要求和说明书都是典型的非结

---

❶ 史忠植. 知识发现 [M]. 北京：清华大学出版社，2002：338-342.

构化信息，具有文档的特点。因此，文档的相似度定义可以用来定义专利相似度。

**定义 3** 相似水平 $\alpha$ 下专利技术新颖度。专利 $P$ 的技术新颖度为 $\text{Nov}_\alpha(P) = e^{-\frac{n}{2}}$。其中，$n$ 表示专利数据库中申请时间在 $P$ 之前，与 $P$ 相似度大于等于 $\alpha$ 的专利数量，函数 $f(x) = e^{-\frac{x}{2}}$ 称为新颖度度量函数。在相似水平 $\alpha$ 下，专利技术新颖度简称"专利新颖度"。

**定义 4** 在相似水平 $\alpha$ 下，$m$ 件专利的平均技术新颖度。$\text{Nov} = \dfrac{\sum_{i=1}^{m} \text{Nov}_\alpha(P_i)}{m}$，简称"平均新颖度"。

定义 3 与定义 4 是在专利相似度概念下引入的，分别考察单件专利和某段时间内所有专利的平均价值。如果专利数据库中与某个专利相似的专利数量越多，那么该专利的新颖性越低，新颖度取值越接近于 0；反之，新颖性越高，新颖度越接近于 1。专利新颖度类似于专利引文，反映专利质量等级，但专利引文考察的是某个专利对其申请后专利的影响，新颖度考察的则是某个专利受先前专利的影响。由于新兴技术缺少引文记录，且我国专利缺少引文信息，因此限制了专利引文的应用。技术新颖度则克服了这方面的不足，力图从数据本身寻找潜在的、客观的和量化的规律，应用范围比专利引文广泛。

应用专利技术新颖度进行专利质量评价，需要对与技术有关的相关专利文本进行预处理和统计分析，因此预测可按下面的三个步骤进行。

（1）检索、筛选专利数据。通过关键词、IPC 等专利检索条件检索专利库。检索到的专利不一定都与所定义的产品技术有关，还要进行筛选，剔除不相关的专利，建立最终的用于分析的主题数据库。

（2）计算专利相似度。以专利摘要或权利要求为基础，将专利转化为向量空间中向量，计算专利之间的相似度，主要步骤包括分词、去除停用词、计算词语权重和相似度计算。这一步是进行评价的关键，分词质量高低、停用词表的范围和权重的计算方法都直接影响评价的结果。

（3）计算专利新颖度。确定相似水平 $\alpha$，根据新颖度度量函数计算专利的新颖度。必要的话，对不同 $\alpha$ 值下的评价结果进行比较，用以判断评价的准确性。

# 第四节　技术成熟度预测

## （一）技术成熟度概念

发明问题解决理论（Theory Of Invention Problem Solving，TRIZ）认为，任何产品都是由核心技术支撑的技术系统。技术系统的进化要经历婴儿期、成长期、成熟期和衰退期四个阶段。这些阶段组成了产品的技术生命周期，可用分段性 S 曲线表示。某一产品在该类产品进化过程中所处的阶段，就是该产品的技术成熟度，确定产品在 S 曲线上的位置，称为"产品技术成熟度预测"。

产品处于不断的发展进化之中，快速有效地开发新产品是企业在激烈的市场竞争环境下取胜的利器。产品技术成熟度预测结果可以为企业研发决策指明方向：处于婴儿期及成长期的产品应对其结构和参数进行优化，使其尽快成熟，以为企业带来利润；处于成熟期及衰退期的产品，企业在赚取利润的同时，应开发新的技术并替代现有的技术，以便推出新一代产品，使企业在未来的市场竞争中取胜。产品技术成熟度是企业制定战略、进行技术贸易的重要参考尺度，也可作为一些职能部门进行技术研发立项审批的一项重要依据。❶产品技术成熟度预测可以帮助企业认清形势、了解自我、寻找差距，从而有的放矢地提高自己的技术水平，寻找创新点。

目前，产品技术成熟度预测主要以定性研究为主。即便有些定量的方法，但这些方法需要技术专家的参与，在很大程度上受限于专家知识。利用自然语言理解、文本挖掘算法和统计学习理论等现代信息处理技术，从数据本身寻找内在的、客观的规律，建立量化的产品技术成熟度预测方法，克服现有预测方法的不足。

## （二）技术成熟度预测方法

Altshuller❷❸利用专利数据信息，研究技术系统进化与专利数量、专利等级、产品性能、产品利润之间的关系，后被用于产品技术成熟度的预测。但是，产品的性能指标和产品利润指标数据不易获取，专利等级确定又依赖于专家知识，使这种方法的应用受到一定限制。

Norman❹从产品对顾客需求满足程度的角度指出，产品能够满足顾客对产品性能的平均需求就代表着产品技术的成熟。但是，随着技术的发展和产品性能的提高，顾客对产品性能的要求也在不断变化，因此技术成熟的标准也在不断发生变化。

---

❶ 张换高,赵文燕,檀润华.基于专利分析的产品技术成熟度预测技术及其软件开发[J].中国机械工程,2006,17（8）：823-827.

❷ FRAUENS M W. Improved Selection of Technically Attractive Project s Using Knowledge Management and Net Interactive Tools[D].Cambridge：MIT, 2000.

❸ SLOCUM M S. Technology Maturity Using S-curve Descriptors [EB/OL]. [2007-05-05]. http://www.triz-journal.com/archives/1998/12/a/index.htm.

❹ NORMAN D. The Life Cycle of a Technology: Why It is So Difficult for Large Companies to Innovate [EB/OL]. [2007-05-05]. http://www.jnd.org/dn.pubs.html.

Kurzweil，Sottong❶❷从技术的发展过程和新老技术更替的角度，提出技术的发展要经历 7 个阶段，用新老技术相互比较的 8 项指标来衡量产品的技术成熟度。作为标准的对象这种比较方法必须与被研究对象有关且产品技术成熟度是已知或公认的。

河北工业大学张换高、赵文燕等❸综合 Altshuller 和 Mann 专利考察的成果，采用专利数量、专利等级和弥补缺陷专利数量三项指标作为专利考察模式；同时，将技术生命周期分为 7 个阶段，建立成熟度预测模型，开发配套的分析软件。该模型指标是选取了前人研究中相对比较容易获得的指标，舍弃了不易获取的指标，但在具体确定专利等级和弥补缺陷专利时仍依赖于专家的参与，模型有待改进。

还有一些技术预测专家采用各种其他方式进行成熟度的预测。❹归纳起来，这些方法普遍存在以下应用限制。

（1）指标不易获取。如产品性能、产品利润，一般属于商业机密，很难获取。

（2）指标难于测度。如产品性能、用户满意度，这些指标都是在不断变化的，很难建立一个一致的、平稳的度量标准。

（3）对技术专家依赖程度高。如专利等级、降低成本的专利和弥补缺陷的专利的确定，都需要技术专家的参与。专利引文记录虽然不受技术专家的依赖，但是其应用的范围有限。

---

❶ KURZWEIL R. The Life Cycle of a Technology [EB/OL]. [2007-05-05]. http://pages.emerson.edu/Courses/Fall00/in115d/lifecycle.htm.

❷ SOTTONG S. E-book Technology: Waiting for the "False" Pretender [J]. Information Technology and Libraries，2001，19（2）：72-80.

❸ 张换高,赵文燕,檀润华.基于专利分析的产品技术成熟度预测技术及其软件开发[J].中国机械工程，2006，17（8）：823-827.

❹ 陈德棉，潘皖印，毛家杰.科学预测和技术预测方法研究[J].科学学研究，1997（4）：58-60.

（4）工作量大。人工处理专利数据工作量大、成本高、费时费力，企业快速反应能力差，因此很难在激烈的竞争环境中与时俱进，保持优势的竞争力。

## （三）基于文本挖掘技术的产品技术成熟度预测

选取与专利直接相关的三项指标：专利数量、文档相关度和专利成本。

（1）专利数量。专利数量反映技术研究活跃程度，可以通过网络数据库免费检索获取相关信息，因此在成熟度预测中应用比较广泛。其 S 曲线见图 3-3a。

（2）专利技术新颖度。前面提到经典 TRIZ 理论以专利等级为参考指标，但是，由于专利等级的确定严重依赖于专家知识，一些改进的方法用专利引文来替代专利等级。同时，并不是每个国家的专利信息都含有引文，限制了这种方法的使用范围。无论是专利等级还是专利引文考察的都是专利质量，为弥补二者的应用限制，采用采用第三节专利技术新颖度模拟专利引文，从而反映专利质量，以此作为成熟度预测的一项指标。

专利新颖度反映专利的质量等级，其 S 曲线的形状与专利等级类似，见图 3-3（b）。在技术发展初期，专利技术新颖度较高，渐渐地等级降低。峰值对应使系统能被大量应用成为可能的发明出现。超过了这个峰值，新颖度一直降低，趋近 0。

（3）专利成本。Altshuller 以产品利润作为产品技术成熟度预测的指标之一。由于企业出于自身经济利益的考虑，这项指标在实际应用中受到很大的限制。因此，有必要寻找可替代的指标。

Schankerman[1]在评估专利价值时提出专利的维持条件:年回报至少要能弥补维持成本,即$R_{tj} \leqslant C_{tj}$。其中,$R_{tj}$是第 $t$ 年专利回报利润,$C_{tj}$是第 $t$ 年的专利维持成本。专利授权后每年需要缴纳专利费用,且费用随着时间递增。这部分信息可以通过专利的法律状态数据获得。因此,可以通过专利维持成本的变化反映专利产品利润情况的变化,以此作为技术成熟度预测的一项指标。其 S 曲线与获利能力曲线基本相似,但最初的专利成本并不是负值。因为它在申请过程中要缴纳申请费用,含有申请成本,这是二者的不同之处。产品的技术生命周期见图 3-3(c)。

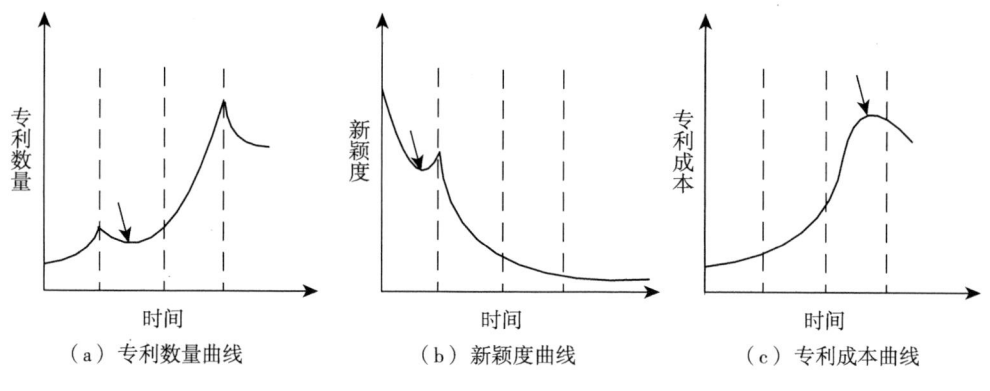

图 3-3 产品技术生命周期

图 3-4 中箭头所指的是各曲线的转折点,根据这些转折点对产品技术生命周期做进一步的细分:婴儿初期、婴儿后期、成长初期、成长后期、成熟初期、成熟后期和衰退期 7 个阶段。细分后的技术生命周期见图 3-4。其中,粗虚线为原生命周期划分的界限。

---

[1] SCHANKERMAN M, PAKES A.Estimates of the value of patent rights in European countries during the post-1950 period [J].The Economic Journal, 1986(96):1052-1076.

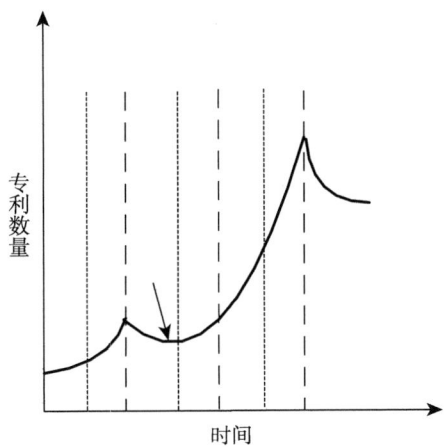

图 3-4　细分后的技术生命周期

在具体应用中，如何根据历史观测样本点确定产品技术成熟度，常用的方法有图形识别法和曲线拟为合法。❶

（1）图形识别法。将样本点时间序列观察值绘制成图，根据其图形特征，直观地配一曲线。图形识别法的特点是简单方便，缺点是图形质量受样本数量的影响较大，判断时人为的主观因素会影响判断结果的准确性。

（2）曲线拟合法。根据统计学知识，利用曲线拟合技术以样本点为基础构成平滑曲线，借以判断产品技术成熟度。该方法不受判断者主观因素的影响，但不同的拟合技术产生的曲线略有差异，选择恰当的拟合技术非常重要。在实际应用中，根据具体情况将两者结合，以达到最优的效果。

基于文本挖掘技术的产品技术成熟度预测，需要对与产品技术有关的专利文本进行预处理和统计分析，再根据汇总数据形成的曲线图进行产品技术成熟

---

❶ 张换高,赵文燕,檀润华. 基于专利分析的产品技术成熟度预测技术及其软件开发 [J]. 中国机械工程, 2006, 17（8）: 823-827.

度预测，因此预测可按下面的 7 个步骤进行。

（1）检索、筛选专利数据。企业根据自身所处的竞争环境选择合适的专利库，通过关键词、IPC 等专利检索条件检索专利库。检索到的专利不一定都与所定义的产品技术有关，还要进行筛选，剔除不相关的专利，建立最终的用于分析的主题数据库。确定主题数据库之后，还要对库中专利的法律状态进行检索，以获得专利最新的法律状态情况。

（2）计算专利新颖度。应用文本挖掘技术，以专利摘要或权利要求为基础，将专利转化为向量空间中的向量，计算专利之间的相似度。主要步骤包括分词、去除停用词、计算词语权重和计算相似度。确定相似水平，根据新颖度度量函数计算专利的新颖度。这一步是进行预测的关键，分词质量高低、停用词表的范围、权重的计算方法都直接影响预测的结果。

（3）计算专利维持年份、维持成本。根据检索到的专利法律状态信息计算每件专利维持年份，并根据专利维持费用表计算专利每年的维持成本。

（4）专利汇总统计。对专利数据按照一定的时间单位逐段进行汇总，统计单位时间内的专利数量、专利平均新颖度和专利维持成本。

（5）生成曲线图。根据统计数据生成时间序列点，结合样本点的实际情况，综合运用图形法和曲线拟合法生成曲线图。

（6）产品技术成熟度预测。对比生成的曲线图与图 3-3 中的标准 S 曲线，预测技术的成熟度。

（7）预测结果评价。将预测结果返回给有关技术领域专家，或者根据所研究产品的其他指标进行对比，综合评价预测结果。

# 第二篇

# 专利可视化

# 第四章　信息可视化技术

信息可视化就是利用计算机支撑的、交互的和对抽象数据的可视表示,来增强人们对这些抽象信息的认识。❶ 其内涵是将数据通过图形化、地理化形象真实地表现出来,并找到数据背后蕴含的信息。信息可视化相关技术能够实现对信息数据的分析和提取,然后以图形、图像和虚拟现实等容易被人们所认识的方式展现原始数据间的复杂关系、潜在信息及发展趋势,以便更好地利用所掌握的信息资源。

## 第一节　层次结构信息可视化技术

在各种可视化技术中,基于双曲几何的双曲树可视化技术是操纵大型层次结构数据且应用广泛的可视化技术之一。该算法在解决较大规模的文献数据及其引证关系可视化显示方面有较好的应用,如 Web of Science 引文数据库的文

---

❶ 张兆锋,桂婕,乔晓东,等. 专利引证分析工具的设计与实现 [J]. 数字图书馆论坛,2010(9):20-25.

献引证可视化。应用双曲树算法并结合用户需求进行文献引证关系的可视化，应先对该算法的原理和技术实现进行分析。

双曲树算法的主要原理是将树结构在双曲空间进行布局，然后映射到欧式空间的庞莱卡圆盘进行显示，双曲空间映射示意图如图4-1所示。欧式空间中两个相同大小的区域离庞莱卡圆盘中心越近，在双曲空间中所占用的空间越小；反之，双曲空间中两个大小相同的区域离原点越近，在庞莱卡圆盘中所占用的空间越大。当关注的树节点被放到双曲空间的原点后，在欧式空间该节点显示在圆盘中心（电脑屏幕中心），占用的空间最大。

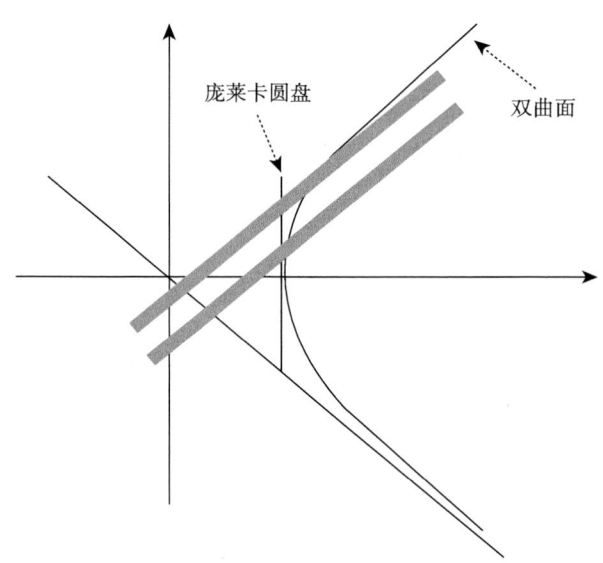

图 4-1 双曲空间映射示意图

算法包括双曲空间树节点布局，以及双曲空间向欧式空间映射两个主要步骤。首先，将树的根节点坐标设置为双曲平面的原点（0，0）。其次，把根节点的扇形区域平分给根节点的子节点,每个二级子节点拥有自己的扇形区域,再把每个二级子节点的扇形区域平分给其所拥有的三级子节点,依次递归进行节点的分布。最后,采用庞莱卡投影把双曲空间中的点映射到欧式空间的庞莱卡圆盘上。具体技术实现步骤如下。

**步骤1**:以复数类HTCoordinate(double x,double y)表示双曲空间中点坐标,复数的实部、虚部分别与双曲空间中点的横坐标、纵坐标对应,扇形类HTSector(HTCoordinate p1,HTCoordinate p2)表示双曲空间中的扇形区域。

**步骤2**:在双曲空间中对树结构中的每个节点进行布局,除根节点布局在原点(0,0)外,其他子节点调用如下布局过程进行坐标的递归设置。

HTCoordinate w = parent.Coordinates ();// 当前父节点坐标

doubleangle = sector.Angle ();// 当前节点父节点所拥有的扇面

z.x = length * Math.Cos (angle);// 当前节点相对于父节点的位置坐标

z.y = length * Math.Sin (angle)。

z.Translate (w);// 经过变换设置当前节点在双曲空间中的坐标

其中,坐标变换函数HTCoordinate.Translate(HTCoordinate w)的变换规则如下。

double deltax = x * w.x + y * w.y;

double deltay = y * w.x - x * w.y;

double newx = x + w.x;

double newy = y + w.y;

x = (newx * deltax + newy * deltay) / (deltax * deltax + deltay * deltay);

y = (newy * deltax - newx * deltay) / (deltax * deltax + deltay * deltay)。

**步骤3**:将双曲空间点Z的坐标映射到欧式空间,映射规则如下。

x = Math.Round (z.x * (double) max.x) + org.x; //max 为庞卡莱圆盘的大小。

y = -Math.Round (z.y * (double) max.y) + org.y; //org 为庞卡莱圆盘中心的欧式空间坐标。

## 第二节 网络结构信息可视化技术

在各种可视化技术中，基于复杂网络算法的网络图不仅是操纵大型网络结构数据，还是在发明主体的合作、关联和引证等学术关系分析中应用广泛的技术之一。例如，国外的文献分析软件 Vantage Point❶ 和 Thomson Data Analyzer❷ 均采用网络图进行关联结果的可视化表示。

## （一）复杂网络相关技术

### 1. Spring-Embedded Model 算法

Eades 提出的"弹性模型"（Spring-Embedded Model），以物理学中的"弹力"作为关注点，因此也被称为"力导引模型"（Force-Directed Model）。❸ 此模型在作图领域具有开创性的意义，并一直被沿用至今。其基本原理是将图看成一个顶点为钢环、边为弹簧的物理系统。系统被赋予某个初始状态以后，弹簧弹力的作用会导致钢环的移动。这种运动直到系统总能量减少到最小值时停止。但是，在实现算法中，并没有遵守弹性力学中的胡克定律，而是采用了自己建立的弹簧受力公式。此外，为了降低算法复杂度，文献假设引力作用只存

---

❶ Vantage Point. [EB/OL]. [2012.12.12]. http://thevantagepoint.com/.
❷ Thomson Data Analyzer. [EB/OL]. [2012.12.12]. http://www.thomsonscientific.com.cn/media/tda.Pdf.
❸ Eades P. A heuristic for graph drawing[J]. Congressus Nutnerantiunt, 1984, 42: 149-160.

在于相邻两个节点间。

Spring-Embedded Model 算法具体实现步骤如下。

**步骤 1**：对网络图中的每个节点坐标进行随机初始化。

**步骤 2**：计算图中每个边 e 的端点 v1、v2 在引力方向的位移。

double f = force_multiplier * (desiredLen-len)/len；//desiredLen 为边的目标长度，len 为边的实际长度

double dx = f * vx；double dy = f * vy；//vx, vy 为两点的横、纵坐标差

v1.edgedx + = dx；v1.edgedy + = dy；

v2.edgedx + = -dx；v2.edgedy + = -dy。

**步骤 3**：计算每个节点 v 与其他节点在斥力方向上的位移。

dx + = vx/distanceSq；//distanceSq 为两节点的欧氏距离，vx 为两点间的 x 坐标差

dy + = vy/distanceSq；//v 为两点间的 y 坐标差

dlen = Math.Sqrt（dx*dx +dy*dy）/2

v.repulsiondx + = dx/dlen；// 斥力与距离平方成反比

v.repulsiondy + = dy/dlen

**步骤 4**：设置每个节点的位置偏移量。

v.dx + = v.repulsiondx + v.edgedx；

v.dy + = v.repulsiondy + v.edgedy。

**步骤 5**：根据偏移量确定每个节点的位置，重复步骤 2～步骤 4，直至网络图的结构便于用户理解。

## 2. Kamada-Kawai layout 算法（简称"KK"算法）

Kamada T 和 Kawai S[1] 提出的 KK 算法改进了弹性模型，通过求系统总能量的最小值来确定网络图中的节点位置。

$$E = \sum_{i=1}^{n-1}\sum_{j=i+1}^{n}\frac{1}{2}k_{ij}\left(\left|p_i - p_j\right| - l_{ij}\right)^2$$

其中，$p_i$ 和 $p_j$ 表示节点 $V_i$ 和 $V_j$ 的位置，$l_{ij}$ 表示 $V_i$ 和 $V_j$ 间弹簧的初始长度，$K_{ij}$ 表示弹性系数。该模型遵循了胡克定律的偏微分方程，并以此来优化顶点的布局。此外，该算法还加入了非相邻节点间理想距离的概念：两个节点间的理想距离与它们之间的最短路径的长度成正比。在系统的最终稳定状态下，节点间的距离都将接近它们的理想距离。

KK 算法具体实现步骤如下。

**步骤 1**：对网络图中的每个节点坐标进行随机初始化。

**步骤 2**：计算当前系统的能量函数值。

```
double dist = d[i, j]; // d[i, j] 为节点 i, j 的连线长度
double l_ij = L * dist;
double k_ij = K / (dist * dist);
double dx = Xydata[i].X-Xydata[j].X;
double dy = Xydata[i].Y-Xydata[j].Y;
double d = Math.Sqrt(dx * dx + dy * dy);
energy + = k_ij/2 * (dx * dx + dy * dy + l_ij * l_ij -2 * l_ij * d)。
```

**步骤 3**：计算每个节点 V 在能量梯度方向的位移，确定新的坐标。

---

[1] KAMADA T, KAWAI S. An Algorithm for Drawing General Undirected Graphs [J]. Information Processing Letters，1989（31）：7-15.

```
double[] dxy = calcDeltaXY (pm);
Xydata[v].setLocation (Xydata[v].X + dxy[0], Xydata[v].Y + dxy[1]).
```

**步骤4**：重复步骤2~步骤3，直至网络图的结构便于用户理解。

## 3. Fruchterman-Reingold Layout 算法（简称"FR"算法）

Fruchterman 和 Reingold [1] 再次提出了基于改进弹性模型的 FR 算法。该算法的基本原理遵循两个简单的原则：一是有边连接的节点应该互相靠近；二是节点间不能离得太近。虽然该算法的原则简单抽象，但得益于出色的模型选择，所以能够画出相当优美的图形。FR 算法在经典算法基础上改进了力导引模型，建立在粒子物理理论的基础上，将无向图中的节点模拟成原子，通过模拟原子间的力场来计算节点间的位置关系。算法通过考虑原子间引力和斥力的互相作用，计算得到节点的速度和加速度。节点的运动规律类似原子或者行星间的运动，系统最终进入一种动态平衡状态。另外，FR 算法还采用了网格变量方法进行了优化：将布点区域分成若干网格，计算斥力时，只考虑节点与相邻网格内的节点间的作用。若以 $k$ 表示节点周围空白区域的理想半径，$d$ 表示节点间的距离，则斥力计算公式为：

$$f_r = \frac{k^2}{d} u(2k - d)$$

其中，$u(x) = \begin{cases} 1 & (x > 0) \\ 0 & (\text{otherwise}) \end{cases}$

FR 算法具体实现步骤如下。

**步骤1**：对网络图中的每个节点坐标进行随机初始化。

---

[1] FRUCHTERMAN T M J, REINGOLD E M. Graph Drawing by ForceDirected Placement[J]. Software Practice and Experience, 1991, 21（11）: 1129-1164.

**步骤 2**：计算任意两点间 p1、p2 的斥力，并根据斥力大小设置平移。

double dx = p1.X- p2.X；

double dy = p1.Y- p2.Y；

double dLength = Math.Sqrt((dx * dx) + (dy* dy))；// 两点间距离；

double force = (repulsion_constant * repulsion_constant)/dLength；//FR 斥力公式；

double dx' = (dx/dLength) * force；double dy' = (dy/dLength) * force；// 点的位置偏移量。

**步骤 3**：计算边 e 两端节点的引力，并根据引力大小设置平移。

p1 = e.start；p2 = e.end；

double dx = p1.X - p2.X；

double dy = p1.Y - p2.Y；

double dLength = Math.Sqrt((dx * dx) + (dy* dy))；// 两点间距离；

double force = (dLength * dLength)/attraction_constant；//FR 引力公式；

double dx' = (dx/dLength) * force；double dy' = (dy/dLength) *force；// 点的位置偏移量。

**步骤 4**：重复步骤 2～步骤 3，直至网络图的结构便于用户理解。

## 4. Multidimensional Scaling 算法

多维标度（Multidimensional Scaling，MDS），是一种将多维空间的研究对象（样本或变量）简化到低维空间进行定位、分析，同时又保留对象间原始关系的数据分析方法。1952 年，Torgerson 先给出多维标度法的数学模型❶。

---

❶ History of MDS [EB/OL]. [2012-08-15]. http ://forrest.psych.unc.edu/teaching/p230/history.html.

多维标度按照对象间的相异性是定量的还是定性的，可分为度量多维标度和非度量多维标度。度量多维标度是多维标度类型中最早出现的一种，要求对象间的相异性与对象间的距离保持线性关系。非度量多维标度则没有那么严格的要求，只需要满足单调的顺序等级关系，而不需要定量地表示出来。

与 Spring-Embedded Model、Kamada-Kawai Layout、Fruchterman-Reingold Layout 算法相比，多维标度以对象间的距离来映射对象间的关系，表现结果更加直观。因此，多维标度在科技情报可视化分析中广泛应用。多维标度与科技情报可视化结合后，得到进一步改进，如知识图谱绘制工具 VOSViewer 应用了更易于大规模数据可视化的 VOS 布局算法。❶笔者研究利用 VOSViewer 的 VOS 布局算法并结合热力图可视化进行大规模学术关系数据的可视化表示。

### 5. SOM layout

自组织映射（Self Organization Map，SOM）神经网络是较为广泛应用于聚类的神经网络。❷其主要功能是将输入的 $n$ 维空间数据映射到一个较低的维度，同时保持数据原有的拓扑逻辑关系。

SOM 网络由输入层和输出层组成。输入层中的每一个神经元，通过权与输出层中的每一个神经元相连。输入层的神经元以一维的形式排列，输入神经元的个数由输入矢量中的分量个数决定。输出层的神经元一般以一维或者二维的形式排列。计输入层的神经元数量为 $n$，输出层神经元数量为 $m$，$n>m$，输入的样本总数为 $S$，第 $P$ 个输入样本用矢量表示为 $X^p = (x_1^p, x_2^p, \cdots, x_i^p, \cdots, x_n^p)'$，每个输出神经元的输出值记为 $y_i$，$i=1,\cdots,m$ 与第 $j$ 个输出神经元相连的权用矢量表

---

❶ VOSviewer. [EB/OL]. [2013-01-30]. http : //www.vosviewer.com/l.
❷ 陈伯成, 梁冰, 周越博等. 自组织映射神经网络在客户分类中的一种应用 [J]. 系统工程理论与实践, 2004（3）: 9-14.

示为 $w_j = (w_{j1}, w_{j2}, \cdots, w_{ji}, \cdots, w_{jn})$。

SOM 聚类的方法是为每个输入神经元寻找对应的输出神经元，办法是通过寻找输入矢量和权矢量的最佳匹配来确定一个获胜神经元。这个获胜神经元与输入的样本具有最近的欧氏距离。

**6. 算法改进**

（1）改进方案 1。对 Spring-Embedded Model 算法和 Fruchterman-Reingold Layout 算法做了一些改进的措施。在计算引力时，预先设定一个数量阀值，只有那些连接线所代表的数量超过指定阀值时，才计算连接线两端节点的引力，低于这个阀值的连接线不显示，也不计算其两端节点的引力。这样改进的益处：用户随时调节阀值，把那些明显的网络关系凸显出来，同时加速算法本身的计算速度。这种改进方案是基于以下考虑设计的：在对学术关系进行可视化表示时，因数据量的多少、领域的差异和用户的偏好不同，用户对学术关系的强度主观判断标准会有所差异，须提供给用户对构建结果进行即时调整的功能。

（2）改进方案 2。实现三种算法的叠加，以使网络图更加简洁美观，即对网络节点进行随机布局后，选择任意算法进行网络图优化。在优化过程中，用户随时选择另外一种算法进行切换，继续图形优化。这样改进的益处：当一个网络图在现有任一算法下都无法得到满意的可视化结果时，应用算法叠加，使可视化结果更加简洁，易于理解，扩大算法的适用范围。

## （二）网络图的压缩技术

基于网络图的可视化结果表示，需要进行网络压缩，去掉那些关系不显著的连接线，以便去除网络中非本质的、容易影响用户获取最直接相关信息的噪声,识别关键信息,实现信息过滤。网络图的压缩算法主要有 Pathfinder 算法、最小生成树算法和动态阀值设定。

## 1. Pathfinder 算法

Pathfinder 算法是美国心理学家 Schvaneveldt 于 1989 年提出的用来分析数据相似性的一个模型❶,可以看成初等三角不等式的扩展。它根据经验性的数据,对不同概念或实体间联系的相似或差异程度做出评估,然后应用图论中的一些基本概念和原理生成一类特殊的网状模型。该算法对一个复杂网络中衡量数据相似性的关系进行了简化,检查所有数据之间的关系,在所有可能的两点路径中只保留最强的连接,从而建立数据间最有效连接的路径。最终结果是,将数据及数据之间的关系表达成一个图。图中节点表示数据,边表示数据之间的关系。Pathfinder 算法有两个重要参数:$r$ 和 $q$。$q$ 是指路径的最大长度,$r$ 参数是闵可夫斯基距离。

$$路径 P 的长度为 W(P) = \sqrt[r]{\sum_{i=1}^{k} w_i^r} ;$$

$$\forall k \leqslant q \quad w_{n_i n_{i+1}} = \sqrt[r]{\sum_{i=1}^{k-1} w^r_{n_i n_{i+1}}} \text{ 满足三角不等式。}$$

美国德雷克塞尔大学信息科学技术学院的陈超美,首先使用 Pathfinder 算法实现了对超文本链接网络聚类,并在其设计开发的可视化工具 CiteSpace 中进行固化。❷目前,该算法在情报分析和知识可视化中已经得到广泛应用。

---

❶ SCHVANEVELDT R W, DEARHOLT D W, DURSO F T. Graph theoretic foundations of Pathfinder networks[J]. Computers and Mathematics with Applications,1998,15(4):337-345.

❷ CHEN C. Generalised Similarity Analysis and Pathfinder Network Scaling [J]. Interacting with Computers,1998,10(2):107-128.

## 2. 最小生成树算法

最小生成树是另外一种网络图压缩方法。假设一个连通的赋权图 G，由该图的边和节点子集可以生成很多子树，称为"生成树"。设 T 为图 G 的一个生成树，把 T 中各边的权数相加所得的和数称为"生成树 T 的权数"。G 的所有生成树中，权数最小者称为 G 的最小生成树。

## 3. 设定阈值使可视化图形中仅显示超过设定阈值的连接线

采用该方法进行图形压缩，方法简单，易于理解，还能即时调整阈值，满足不同标准的分析需求。但每次调整阈值后，需要对网络图重新布局，增加计算时间成本和用户交互的技术复杂度。

# 第三节　技术主题图的可视化技术

技术主题图通过类似于地理信息系统中的等高线图实现对科技文本数据的可视化，通过颜色的深浅区别数据的多少及数据之间的关系。有些文献中也将其称为"景观图"或"主题图"。尽管名称和表现形式不完全相同，其基本思想是一致的。

## （一）技术主题图相关研究

技术主题图的学术研究从 20 世纪 90 年代逐渐开始增多。国外学者 Chalmers[1]

---

[1] CHALMERS M, CHITSON P. Bead : explorations in information visualization[EB/OL]. [2017.4.13]. http : //www.dcs.gla.ac.uk/~matthew/papers/sigir92.pdf.

和 Wise[1] 关于技术主题图的研究是比较典型的例子。他们分别介绍了技术主题图的实现细节。美国 Sandia 国家实验室开发的复杂网络分析工具 VxInsight，是一个影响比较大的技术主题图工具[2][3]，并在科技管理中进行应用[4]。由于该工具受到美国技术出口政策限制，国内用户不能直接接触和使用。[5] 对于技术主题图的另一个应用主要是在专利分析领域，比较典型的是科睿唯安的 Aureka 专利地图。该地图表现为等高线形式的地形图，可视化效果比 VxInsight 更加精细、美观，其应用更加偏向于商业化用户。Aureka 专利地图最初由美国 Aurigin 系统公司设计，并申请了专利保护，目前集成在科睿唯安的 Innovation[6] 专利信息服务平台。其应用仅限于该平台的用户，数据源受限于 Innovation 平台本身的数据源，用户不能脱离平台的数据和技术进行数据分析工作，应用范围有限。

技术热力图是技术主题图的一种简单的变换形式，是对自然界的热力成像原理的计算机模拟，通过红、黄、蓝三种颜色的深浅来区别数据的多少，颜色块区别数据的密集程度。技术热力图的技术实现较 Aureka 的专利地图更加简单，

---

[1] WISE J A, THOMAS J J, PENNOCK K, et al. Visualizing the non-visual : spatial analysis and interaction with information from text documents [EB/OL]. [2017-04-13]. http : //www. cs. duke. edu/courses/spring03/cps296. 8/papers/vis_non_visual. pdf.

[2] DAVIDSON G S, HENDRICKSON B, JOHNSON D K, et al. Knowledge mining with VxInsight : discovery through interaction[J]. Journal of intelligent information systems, 1998（11）：259-285.

[3] BECK D F, BOYACK K W, BRAY O H, et al. Landscapes, games, and maps for technology planning[J]. Hemtech, 1999, 29（6）：8-16.

[4] BOYACK K W, WYLIE B N, DAVIDSON G. Domain visualization using VxInsight for science and technology management[J]. Journal of the American society for information science and technology, 2002, 53（9）：764-774.

[5] VxInsight Tutorial [EB/OL]. [2016-05-09]. http : //iv. slis. indiana. edu/lm/lm-vx-insight. html.

[6] Thomson Innovation [EB/OL]. [2016-03-07]. http : //www. thomsonscientific. com. cn/productsservices/thomsoninnovation/.

但是表现力略显不足。技术热力图最初用来进行商业中用户行为分析，后由日本野村研究所的学者将其引入情报分析中，形成了技术热力图。❶日本野村研究所开发了用于进行日文和英文的技术热力图可视化分析工具 True-Teller❷。免费情报分析工具 VOSViewer❸将热力图作为其最主要的可视化表现方式。该工具是由荷兰莱顿大学 CWTS（Centre for Science and Technology Studies）研究人员专门开发的用于科学知识图谱绘制的软件工具。尽管技术热力图的工具和应用较为普遍，但是关于技术热力图技术研究的学术论文非常少。在 Springer 与万方数据知识服务平台中，以"热力图"为检索词在论文题目、关键字和摘要中进行检索，均未发现相关文献。可以说，无论是方法上还是应用上，技术热力图的研究目前还不多见，更多是基于 VOSViewer 进行的实证应用。

国内关于技术主题图的研究集中在主题图的应用上。以"主题图"和"专利地图"为关键词，在中国知网期刊数据库中进行检索，得到的题目中含有相关关键词的文献就有 300 余篇，主要分布于科研管理、图书情报和数字图书馆学科。其中，关于"主题图"的文献研究 30 余篇，均为主题图应用，如高影繁等应用主题图进行突发事件的识别和分析研究。❹王蒙等应用主题图组织非物质文化遗产信息资源，以可视化的方式展示非物质文化遗产的属性特征。❺毛

---

❶ MASAYUKI M, YUJI M, KEIICHI H. Strategic intellectual property portfolio management: technology appraisal by using the technology heat map [EB/OL]. [2016-03-07]. http://www.nri.co.jp/english/opinion/papers/2004/pdf/Np200483.pdf.

❷ True-Teller [EB/OL]. [2016-03-07]. http://www.trueteller.net/textmining/patent/.

❸ VOSviewer [EB/OL]. [2016-03-07] http://www.vosviewer.com.

❹ 高影繁，李颖，孟令恩. 主题图在突发事件应急信息分析中的应用研究 [J]. 情报理论与实践，2016，39（6）：115-119.

❺ 王蒙，许鑫. 主题图技术在非物质文化遗产信息资源组织中的应用研究——以京剧、昆曲为例 [J]. 图书情报工作，2015，59（14）：15-21.

彦妮基于主题图进行电子商务领域知识库构建。❶ 熊回香等将主题图应用于中文标签体系为用户提供标签导航。❷ 李英英等将主题图技术应用到消费者健康信息资源组织中。❸ 胡娟等基于主题图进行学术博客知识组织。❹ 李清茂研究基于主题图进行旅游文献组织。❺ 与"专利地图"相关的研究文献有270余篇，主要主题词分布如图4-2所示，图中连线粗细与主题词同现次数成正比。可以看出，专利地图研究多是与专利分析、创新管理相关，仍然以专利地图应用为主。进一步阅读、筛选这些文献，发现研究多以专利地图的概念介绍❻，国内外专利地图的技术比较❼❽，Aureka专利地图的使用、分析结果的解读❾❿及在特定领域中的应用为主⓫⓬。

国内对于技术主题图的研究以应用研究为主，主题图不限于技术分析，大多是与知识组织相关的具体应用。专利地图则偏向专利分析、创新管理等基于专利数据开展的领域情报分析，在技术主题图的绘制技术、方法和工具研发方面有所不足。

---

❶ 毛彦妮. 基于主题图的电子商务领域知识库构建研究[J]. 情报科学，2014，32（12）：119-122.

❷ 熊回香，邓敏，郭思源. 标签主题图的构建与实现研究[J]. 图书情报工作，2014，58（7）：107-112.

❸ 李英英，王惠临. 主题图技术在消费者健康信息资源组织中的应用——以糖尿病为例[J]. 现代图书情报技术，2013（12）：55-61.

❹ 胡娟，程秀峰，叶光辉. 基于主题图的学术博客知识组织模型研究[J]. 图书情报工作，2012，56（24）：127-132.

❺ 李清茂. 基于主题图的旅游文献组织方法研究[J]. 现代图书情报技术，2009，25（4）：82-87.

❻ 张娴，高利丹，唐川，等. 专利地图分析方法及应用研究[J]. 情报杂志，2007，26（11）：22-25.

❼ 郑云凤. 国内外专利地图研究与应用综述[J]. 竞争情报，2012（2）：48-53.

❽ 王兴旺，孙济庆. 国内外专利地图技术应用比较研究[J]. 情报杂志，2007，26（8）：113-115.

❾ 刘桂锋，王秀红. Aureka专利分析工具的文献计量分析[J]. 现代情报，2011，31（7）：106-110.

❿ 肖沪卫. 用Aureka软件制作专利地图[J]. 竞争情报，2010（3）：51-58.

⓫ 张帆，肖国华，张娴. 专利地图典型应用研究[J]. 科技管理研究，2008，28（2）：190-193.

⓬ 吴正. 可视化工具在专利分析中的应用[J]. 数字图书馆论坛，2009，2（10）：60-67.

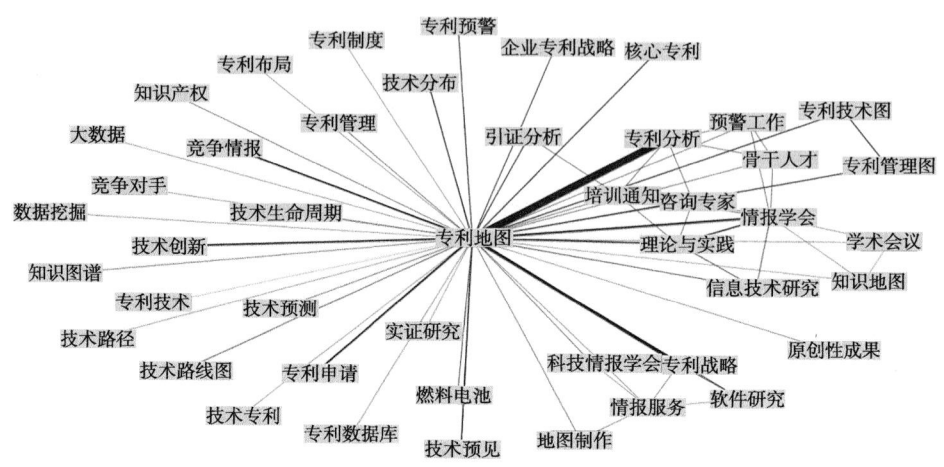

图 4-2 国内专利地图相关文献主要主题词分布

## （二）技术主题图绘制方法优缺点

相比于情报领域常见的社会网络可视化，技术主题图与技术热力图具有相同的优势，即能够处理的"节点"数量大大增加。在技术主题词较多的情况下，其可视化效果仍然保持清晰。因此，技术主题图在技术布局分析上有更好的表现力。就技术主题图的绘制来说，有典型的等高线地形图、热力图和彩虹图等。等高线图实现简单，但不是所有的等高线绘制方法都能有效的表现分析结果。应用该方法最好的是科睿唯安的 Innovation 专利地图。其应用的神经网络算法+渲染技术较为复杂，国内研究者很难实现同类的表现效果。热力图、彩虹图在情报工具 VosViewer❶ 和 True-Teller❷ 中有较好的实现和应用，技术实现手段简单。但与 Innovation 相比，VosViewer 和 True-Teller 的技术主题图可读性

---

❶ True-Teller. [EB/OL]. [2014-12-01]. http://www.trueteller.net/textmining/patent/

❷ VOSviewer. [EB/OL]. [2014-12-30]. http://www.vosviewer.com

和表现力有所降低。表 4-1 对比了 Innovation、VosViewer 和 True-Teller 三个工具中技术主题图的绘制方法和工具的使用情况。

表 4-1 技术主题图绘制工具对比

| 绘制工具 | Innovation | VosViewer | True Teller |
| --- | --- | --- | --- |
| 可视化表示 | 地形图 | 热力图 | 热力图，彩虹图 |
| 如何区别点的聚集程度 | 颜色深浅 + 等高线 | 颜色深浅 | 颜色深浅 |
| 工具使用 | 在线应用 | 单机软件 | 单机软件 |
| 与数据源绑定 | 是 | 否 | 否 |
| 人机交互 | 弱 | 弱 | 强 |
| 专利保护 | 有 | 无 | 无 |
| 布局算法 | Self-Organizing Map | VOSMapping | 未公布 |
| 工具销售 | 收费（与数据绑定） | 免费 | 收费（中国区禁售） |
| 可视化结果可读性 | 高 | 一般 | 一般 |

预期可设计一种技术主题图的绘制方法，既能够达到 Innovation 专利地图的可视化表现力，又能以相对简单的技术加以实现。

## （三）技术主题图绘制方法与工具实现

在技术主题词确定的前提下，进行技术主题图的绘制，主要过程如下。

### 1. 主题词关系强度计算

计算技术主题词的同现关系矩阵，依据同现矩阵计算各主题词之间的关系强度矩阵，计算方法可以采取倒排文档频率、信息熵和互信息等，也可以直接采用同现数量度量关系强度。假设 $n$ 个主题词之间的关系强度矩阵为 $\mathbf{Corr}_{n \times n}$。

$$\text{Corr}_{n \times n} = \begin{bmatrix} & \text{Keyword}_1 & \text{Keyword}_2 & \cdots & \text{Keyword}_i & \cdots & \text{Keyword}_n \\ \text{Keyword}_1 & r_{11} & r_{12} & \cdots & r_{1i} & \cdots & r_{1n} \\ \text{Keyword}_2 & r_{21} & r_{22} & \cdots & r_{2i} & \cdots & r_{2n} \\ \vdots & \vdots & \vdots & \ddots & \vdots & \ddots & \vdots \\ \text{Keyword}_i & r_{i1} & r_{i2} & \cdots & r_{ii} & \cdots & r_{in} \\ \vdots & \vdots & \vdots & \ddots & \vdots & \ddots & \vdots \\ \text{Keyword}_n & r_{n1} & r_{n2} & \cdots & r_{ni} & \cdots & r_{nn} \end{bmatrix}$$

### 2. 主题词平面布局

为了绘制技术主题图，需要确定技术主题词在平面图中的位置坐标，操作过程如下。

第一，设定关系强度阀值，大于该阀值的节点强度保留原值，小于等于该阀值的强度重新设定为 0。

第二，将 $n$ 个主题词分为 $m$ 组，满足每个组内部的主题词关系强度均大于设定阀值；每个组组内所有主题词与其他组的所有主题词关系强度都小于等于设定阀值。通过行列变换将主题词的关系强度矩阵变换为 $\text{Corr}'_{n \times n}$。

$$\text{Corr}'_{n \times n} = \begin{bmatrix} & \text{Group}_1 & \text{Group}_2 & \cdots & \text{Group}_i & \cdots & \text{Group}_m \\ \text{Group}_1 & R_1 & 0 & \cdots & 0 & \cdots & 0 \\ \text{Group}_2 & 0 & R_2 & \cdots & 0 & \cdots & 0 \\ \vdots & \vdots & \vdots & \ddots & \vdots & \ddots & \vdots \\ \text{Group}_i & 0 & 0 & \cdots & R_i & \cdots & 0 \\ \vdots & \vdots & \vdots & \ddots & \vdots & \ddots & \vdots \\ \text{Group}_m & 0 & 0 & \cdots & 0 & \cdots & R_m \end{bmatrix}$$

其中，$R_i$ 为第 $i$ 组中主题词的关系强度矩阵。

第三，将 $m$ 个组作为平面中的 $m$ 个节点，组与组之间的关系强度设定为同一个固定值。采用 Fruchterman-Reingold Layout 算法对 $m$ 个节点进行坐标计算。

第四，对每个组内的节点采用 VOSMapping 算法进行坐标计算。

如图 4-3 所示，假设有 12 个主题词，分为 A、B、C 三组，关系强度矩阵分别为 $R_1$，$R_2$，$R_3$。在对 12 个主题词进行布局的过程中，先把 A、B、C 三个组看作三个节点，节点距离（图中虚线）相等。采用 Fruchterman-Reingold Layout 算法对这三个节点进行布局，记录每个节点的中心位置。对每个分组内部的节点，如 A 组内的 3 个节点、B 组内的 4 个节点、C 组内的 5 个节点分别采用 VOSMapping 算法进行布局；然后，通过坐标平移将每个组的中心位置设定为通过 Fruchterman-Reingold Layout 算法得到的三个点的坐标。

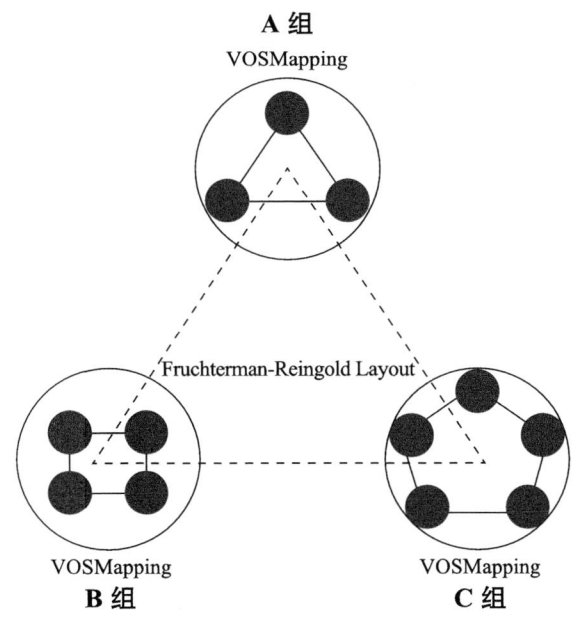

图 4-3　主题词布局

### 3. 基于主题词数量与布局坐标构建平面像素点的密度函数

主题词的坐标确定后，将其绘制到计算机屏幕，需要确定每个像素点的颜色。为此，建立一个密度函数，用于映射每个像素点的颜色值。

假设：$n$ 个主题词的坐标分别为 $(x_i, y_i)$，$i=1,\cdots,n$，主题词之间的二维欧氏距离平均值为 $\overline{\text{Distance}}$。每个主题词的数量为 $\text{Number}_i$，$i=1\cdots n$，像素点 Point 的坐标为 $(x, y)$。

定义像素点的密度函数公式：

$$\text{Density}(x,y) = \sum_{i=0}^{n} f(\text{Number}_i) e^{-\alpha \left( \frac{\sqrt{(x-x_i)^2 + (y-y_i)^2}}{\overline{\text{Distance}}} \right)^{\beta}} \quad (\alpha > 0, \beta > 0)$$

其中，$f(\text{Number}_i)$ 为主题词数量的标准化值；$\alpha$、$\beta$ 为非负数，其取值不同，主题图效果不同。在实际计算中，为减少计算量，降低主题图的渲染时间延迟，并不是每个像素的密度函数都需要进行计算，而是将整个屏幕划分为若干格子。每个格子作为一个像素点对待，计算每个格子的密度函数，如图 4-4 所示。最后，通过图形拉伸使图形与电脑屏幕重合。

### 4. 计算像素点的色彩进行主题图渲染

第一，将密度函数标准化，使其取值为 0~255 的整数，可以采用如下变换方式：

$$(\text{int})\left( \gamma \frac{\text{Density}(x,y)}{\text{Density}_{\max}} \times 255 \right) \text{ 或 } (\text{int})\left( 255 - \gamma \frac{\text{Density}(x,y)}{\text{Density}_{\max}} \times 255 \right) \quad (0 < \gamma \leqslant 1)$$

第二，建立一个 256 色的蓝、绿、黄、红渐变的调色板，存储为 256 个元素的颜色向量。调色不限于蓝、绿、黄、红几种颜色，可以根据需要达到的可视化效果进行设置。

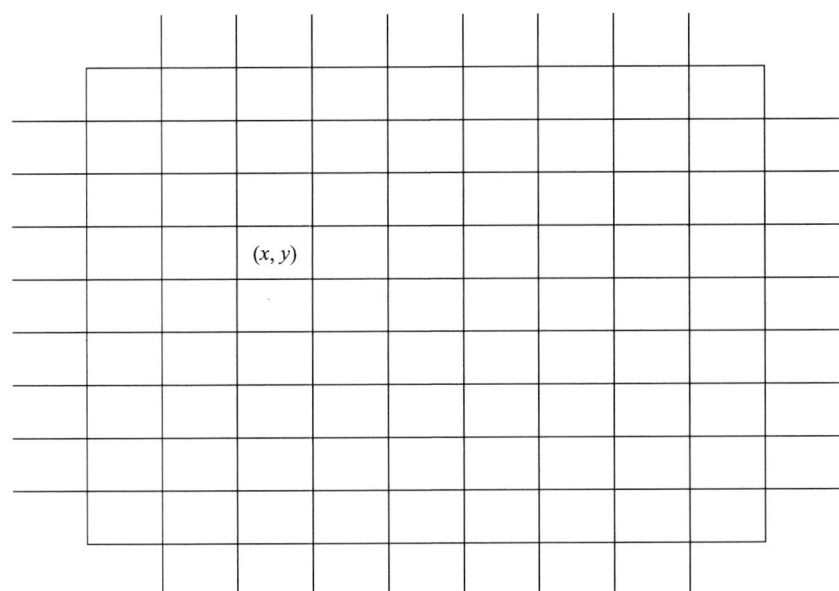

图 4-4　屏幕格子划分

第三，建立像素点密度值与调色板的一一映射关系。举例来说，如果像素点标准化后的密度值为 200，那么该像素点对应的颜色为调色板中第 200 个颜色的色彩。

## （三）技术主题图技术实现

基于以上技术主题图绘制方法，设计开发用于科技文本技术主题图绘制的软件工具 ItgInsight[1]，该工具应用 C#+WPF 技术组合设计实现各类科研关系构建与可视化。其中涉及技术主题图的功能模块，主要包括数据处理模块、节点布局模块、图形渲染模块和人机交互模块。

---

[1] 刘玉琴，汪雪锋，雷孝平. 科研关系构建与可视化系统设计与实现 [J]. 图书情报工作，2015，59（8）：103-110，125.

（1）数据处理模块。完成技术主题词抽取和主题词的关系计算。首先，基于分词、词性识别和术语抽取❶等自然语言处理技术，提取文献中的技术候选词，结合专家知识筛选候选词形成技术主题词表。其次，对技术主题词进行同现关系计算，形成同现关系矩阵。用户基于同现关系矩阵计算主题词的关系强度矩阵。软件默认采用同现关系矩阵作为关系强度矩阵，但给用户提供调整计算方法的接口。

（2）节点布局模块。实现 Fruchterman-Reingold Layout 和 VOS Mapping 算法，将技术主题词映射为二维平面图中的节点。基于 C# 语言设计的算法类，FR Layout 和 VOS Layout 均继承抽象布局类 Abstract Layout 和接口 Iterative Context，核心算法计算在 step 函数中实现。

（3）图形渲染模块。基于主题词数量与布局坐标计算平面像素点的密度值，结合预设的调色板，采用8位位图在内存中绘制主题图，以临时文件的形式进行存储。对主题词节点和节点文本进行渲染后，在可视化区域进行显示，再将临时文件作为背景在软件的可视化区域进行显示，形成最终的技术主题图。

（4）人机交互模块。提供人工干预图形显示的交互功能。人机交互模块包括主题词分组、密度函数参数值调整、节点坐标调整、节点和节点文字的显示效果调整。

---

❶ 韩红旗，朱东华，汪雪锋. 专利技术术语的抽取方法 [J]. 情报学报，2011，30（12）：1280-1285.

# 第五章 专利可视化技术

## 第一节 专利引证可视化

### （一）引证分析的作用

引证分析一直是文献计量学中的重要内容，人们通过文献之间引用与被引用的情况来揭示文献之间相互联系、相互影响与相互促进的关系，并对文献所承载的科学研究成果进行评价。专利作为一种相对特殊的科技文献，对其引证关系的研究可以分析出其中知识流动和技术扩散的路径❶，因此在情报分析领域应用广泛。

### （二）现有引证分析方法

引文索引和引证分析自 21 世纪以来得到越来越多的关注，其关注研究对

---

❶ MEISTER C, MEISTER M. Trends and trajectories in MEMS-related technologies : an analysis on the basis of patent application data [EB/OL]. [2009-12-16]. http：//ieeexplore. ieee. org/stamp/stamp. jsp?tp =&arnumber =1558743&isnumber =33123.

象或热点集中在引证网络、自引与自引率、共引分析、影响因子等方面。文献❶将引证看作代表信赖的原型,认为在虚拟环境中,引证实际上代表了引用者对被引用者的一种信赖。因此,引证网络系统可以被看成信赖系统,引文索引则可以被看成一个推荐系统,推荐被引次数多的文章。文献❷将引证关系看成网格,这些网格对应的文献耦合与共引文献就是网格系统的基本结构。文献❸❹❺认为研究专利引证网络,可以分析出其中知识流动和技术扩散的路径。文献❻❼在期刊引证网络中分析了个别期刊在局部的相对影响力。除此之外,还有学者专门研究引证网络的结构,有的侧重于挖掘其中的核心文章,有的侧重于进行网络结构的解析,还有的侧重于研究拓扑结构的动态变化及进化。

在引证分析的软件工具方面,也以国外的工具和产品居多。这些工具最初

---

❶ DAVENPORT E, CRONIN B. The Citation network as a Prototype for Representing Trust In Virtual Environments [A]. In: Cronin, B and Atkins, H. B. (eds.), The web of knowledge: a Festschrift in honor of Eugene Garfield [C]. Metford: Learned Information Inc, 2000: 517-534.

❷ FANG Y, ROUSSEAU R. Lattices in citation networks-An investigation into the structure of citation graph [J]. Scientometrics, 2001, 50 (2): 273-28.

❸ MEISTER C, MEISTER M. Trends and trajectories in MEMS-related technologies: an analysis on the basis of patent application data [EB/OL]. [2009-12-16]. http://ieeexplore.ieee.org/stamp/stamp.jsp?tp=&arnumber=1558743&isnumber=33123.

❹ CHEN CM, HICKS D. Tracing knowledge diffusion [J]. SCIENTOMETRICS, 2004, 59 (2): 199-211.

❺ BRANTLE T F, FALLAH M H. Complex innovation networks, patent citations and power laws [A]. In PICMET 7, Vol. 1-6, Proceedings -management of converging technologies [C]. Portland: Oregon, 2007: 540-549.

❻ NERUR S, SIKORA R, MANGALARAJ G, et al. Assessing the relative influence of journals in a citation network [J]. Communications of the ACM, 2005, 48 (11): 71-74.

❼ LEYDESDORFF L. Visualization of the citation impact environments of scientific journals: An online mapping exercise [J]. Journal of the American Society for Information Science and Technology, 2007, 58 (1): 25-38.

设计是用于文献引证分析的。在配合其他辅助工具使用后，也可以用来进行专利的引证分析。其中，典型的有美国汤姆森科技 HistCite，原美国 Drexel 大学陈超美的 CiteSpace。这些软件工具的特点是功能丰富、价格低，有些甚至免费，只是在进行专利分析时需要配合其他数据预处理工具进行数据的转换，而且被分析的数据不能够实时更新。

一方面，国内对引证分析的研究侧重于引证分析理论、概念方法或国外分析工具的介绍。❶❷❸ 其中，文献 ❹ 概括地介绍了共引分析的起源、分类、发展及国外的应用等诸多方面。另一方面，国内对引证分析研究侧重于应用引证分析方法进行特定领域的实证研究。❺❻❼ 还有部分学者对自引的原则、不当自引的控制等问题进行探讨。❽❾❿

在引证分析可视化方法与工具研究方面相对较少。其中，张兆锋、桂婕等基于可视化技术设计专利引证分析工具。⓫ 该工具偏重于微观层面的专利与专

---

❶ 李运景，侯汉清，裴新涌，等. 引文编年可视化软件 HistCite 介绍与评价 [J]. 图书情报工作，2006，50（12）：135-138.

❷ 孙巍，张学福. 基于引文的信息检索可视化相关系统比较分析 [J]. 情报理论与实践，2008，31（4）：598-601.

❸ 苑彬成，方曙，刘清，等. 国内外引文分析研究进展综述 [J]. 情报科学，2010，28（1）：147-153.

❹ 王红. 近十年我国图书情报学科研究热点的共词分析 [J]. 情报学报，2012，30（7）：765-775.

❺ 康宇航，苏敬勤. 基于专利引文的技术跟踪系统——理论模型与工具开发 [J]. 科学学与科学技术管理，2008（4）：24-27.

❻ 李昌新，唐惠燕，陆芹英. 引文计量与学术影响——用两种中文引文库评价农业科教系统学术地位的统计分析 [J]. 农业图书情报学刊，2000（5）：55-57.

❼ 贾玉英.《系统工程理论与实践》作者及引文的统计分析 [J]. 农业图书情报学刊，2006，18（10）：155-157.

❽ 熊春茹. 关于科技论文参考文献自引问题的商榷 [J]. 编辑学报，2002，14（6）：456-456.

❾ 潘文涛，武夷山. 自引、他引：说不尽的故事 [J]. 科技导报，2007，25（24）：85.

❿ 催雷. 专题文献高频主题词的共词聚类分析 [J]. 情报理论与实践，1996，19（4）：49-51.

⓫ 张兆锋，桂婕，乔晓东，等. 专利引证分析工具的设计与实现 [J]. 数字图书馆论坛，2010（9）：20-25.

利间的引证可视化，可视化的结果相对单一。此外，其主要针对相对固定的引证数据进行分析，实时性差。然而，现实中针对专利的引证信息进行分析，往往要追根溯源，对数据的实时性要求较高。因此，针对目前国内的专利引证分析工具的分析结果，不具有实时性以及分析方法的单一性问题。笔者提供了一种专利引证可视化分析方法及其技术实现，用以丰富现有的专利引证分析方法，为用户提供更加有效的分析手段。

## （三）专利引证可视化分析

采用社会网络分析和双曲树分析对专利的引证信息进行可视化表示。笔者构建的引证可视化的几个典型分析样例，分别实现单件专利多级引证树、单件专利引证网、多件专利引证网、发明主体（发明人和申请人）引证网。其中，发明主体引证网为笔者首次提出的一种在发明主体间探寻技术演化的一种可视化手段，同时单件专利的多级引证树具有引证信息实时搜索获取的能力，可以使使用者指定搜索引证专利的技术类别、申请人、发明人、申请日，具有定向分析的功能。

在单件专利多级引证树的可视化中，用节点与节点的文字标注专利的授权号、发明人、申请人、授权时间、国际分类号、美国分类号等信息；用箭头表示引用与被引用的关系；节点颜色用于区别引用与被引用关系；用鼠标的拖动来更改关注专利的焦点。通过这种可视化表示，可以对单件专利的多级引用和被引用情况进行直观的分析。

在单件专利和多件专利的引证网络可视化中，与单件专利多级引证树的可视化类似，同样用节点来表示专利的授权号、发明人、申请人、授权时间、国际分类号、美国分类号等信息，箭头表示引用与被引用的关系。不同之处则在于，其关注的内容强调被分析专利在整个引证网络中的地位，以及其他与之有关联的专利之间的引证关系。

在发明主体年代引证网络中，用节点大小表示发明主体当年专利被引用的总数量，用箭头表示哪些主体在什么年代引用了，箭头仍然表示引用与被引用关系。通过这种可视化表示，可以从宏观上对发明主体专利的引证情况进行了解，定位主要的发明主体和发明时间。

## （四）专利引证可视化技术实现

专利引证可视化分析软件工具，主要由专利引证信息的采集、清洗转换和可视化分析这三个功能组成。专利引证信息主要来源美国专利商标局的官方检索平台。首先，在专利引证采集过程中引入搜索引擎技术，以实现专利引证信息的深层次搜索；其次，清洗转换采集的引证信息，以提供给分析引擎进行分析并存储；最后，采用可视化手段呈现分析结果，并输出展示文稿。其中，用户接口部分实现了与整个系统的对接。

## （五）专利引证可视化应用

苹果公司是目前世界上最有影响力的IT企业之一，在高科技企业中以创新而闻名。在2000年以后，苹果发布的一系列产数码产品，如iPod、iPad、iPhone，使其迅速发展壮大，并成为行业领跑者。以下通过苹果公司美国授权专利的引证信息对其技术演化进行实证研究，重点分析其2000年以后的专利技术趋势。

在美国授权专利数据库中检索苹果专利，时间截至2011年10月，共有专利4108件。应用这些专利绘制申请人年代引证图。

节点大小为申请人申请年代被引证量,节点标注为当年申请专利最多的三个技术类别,连线方向为引证关系,连线粗细表示引证的多少。经过放大、平移等基本操作,可以大体了解苹果公司各年代之间的专利技术演化过程。为了更详细地绘制 2000 年以后的技术演化图,需要对各个年代的技术和引证关系进行更加细致的分析。首先,按照年代将专利技术类别进行阶梯形的排序,并将技术类别码转换为文字;其次,查看并绘制年代之间的技术演化关系。以 2010 年为例,突出显示这一年的专利技术与引证情况。这一年的专利技术大多涉及便携式计算机、音视频播放器、便携式媒体播放器,而引用专利的主要来源为 2004 年、2007 年、2008 年。可以认为,苹果公司在 2010 年的专利技术大多是在 2004 年、2007 年、2008 年专利技术基础之上进行的发明创造。

在阶梯形状的年代间,标注 2010 年与 2004 年、2007 年、2008 年之间的演化关系,依次类绘制苹果公司在各年度的专利技术演化图。2004 年之后苹果的专利技术演化过程。2004 年的专利技术为苹果近几年的专利申请打下了良好的基础,而最近几年的专利间虽然存在引证关系,但连续性不大。结合苹果的产品线分析可知,最近几年的产品增多,对应时期的专利以外观设计专利占多数,各个产品共有的触摸屏、图像菜单相关技术也以 2004 年及 2004 年之前的研究为基础。

2001 年、2002 年、2003 年的专利则大量引用了 1993 年、1994 年、1995 年、1996 年的专利。这三年间的专利技术多为图形用户接口和图像处理,相互间的引证关系不明显。

## 第二节 同族专利可视化

### （一）同族专利定义

专利文献大量重复出版的结果，形成了一组组由不同国家出版的、内容相同或基本相同的专利文献。各组专利文献中的每件专利说明书之间通过优先权相互联系。这种具有共同优先权的、在不同国家或国际专利组织多次申请、多次公布或批准的、内容相同或基本相同的一组专利文献，称作"同族专利"（Patent Family），同族专利中的每件专利文献称作"同族专利成员"（Patent Family Members）。通常，人们在习惯上也把同族专利成员简称为"同族专利"❶。

以上定义中的优先权最早来源《保护工业产权巴黎公约》其第四条关于优先权的规定：所谓优先权，是巴黎联盟成员国给予本联盟任何一个国家的专利申请人的一种优惠权，即联盟内某国的专利申请人已在某成员国第一次正式就一项发明创造申请专利。当申请人就该发明创造在规定的时间内（6个月或12个月）向本联盟其他国家申请专利时，申请人有权享有第一次申请的申请日期。一项优先权包括优先申请国家、优先申请日期及优先申请号。❷ 可以说，同族专利的成因在于优先权，优先权是同族专利之间的联系要素。

### （二）同族专利分析的作用

对于科研管理人员来说，通过对同族专利的分析，可以得知申请人就相同

---

❶ 北飞. 小释同族专利[J]. 电子知识产权，2004（6）：52-53.
❷ 陈燕，等. 专利信息采集与分析[M]. 北京：清华大学出版社，2006：9-16.

技术主题在哪些国家申请了专利，以及这些专利的审批授权情况和法律状态。在通常情况下，越是重要的专利技术，申请的国家越多，其技术发展也越活跃。因此，对于从事技术创新的企业和科研机构来说，不论是在开题准备阶段，还是在技术研发过程中，对同族专利的分析是十分必要的。

对于科学技术研发人员来说，通过同族专利之间的相互比较，可以获悉同类技术最新的研究进展，以及不同阶段的技术改进方案；还可以通过本国范围内的同族专利理解其他国家范围的同族专利，克服在阅读专利语言上的障碍。

对于专利审查员来说，在专利审查时，也可以借助同族专利共享其他专利机构在审批该相同发明主题专利申请时的检索报告或检索结果，参考其审批结果，以及对权利要求保护范围和对申请文件的修改等。

除此之外，同族专利数据本身还可以用来为机器翻译、跨语言信息检索以及翻译词典等自然语言处理，提供双语语料库。❶

## （三）现有同族专利分析方法

目前，针对同族专利的分析有检索列表浏览和同族专利解析表两种。检索列表浏览就是对专利检索系统检索的同族专利信息进行简单的罗列，用户在使用时按照页码进行翻页，费时费力；同族专利解析表是对检索列表进行人工改写，在一张表格中按顺序列出每个同族专利的"国家、申请日、申请号、主标识、辅标识、公开日、公开号、优先权"等信息❷。同族专利解析表的优点是，解析信息易扩展，分析结果有条理；不足之处在于，解析表的内容均由人工完成，

---

❶ 霍翠婷，吴琳. 基于同族专利获取双语语料的方法研究——以获取汉英双语语料为例 [J]. 数字图书馆论坛，2009（11）：67-71.

❷ 赵沛丰，赵欣. 同族专利信息分析及应用（上）[J]. 中国发明与专利，2010（8）：85-88.

在同族专利数量较多时，人力成本增加，而且表格的浏览方式使使用者很难快速准确地定位自己所关注的信息。

## （四）同族专利可视化分析方法

针对目前同族专利分析方法的不足，结合同族专利之间的关联性和差异性，笔者提出一种同族专利的可视化分析方法。可视化分别在"国家模式"和"优先权模式"下进行，如图 5-1 所示。

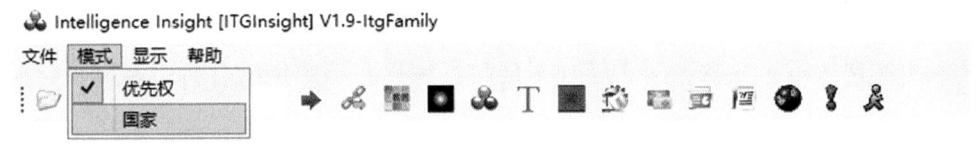

图 5-1　国家模式下的同族专利可视化

在"国家模式"下，首先，关注被分析专利在各个国家同族专利的申请情况。距离被分析专利最近的一层为国家名称的缩写代码。其次，依据同族专利在各国的优先权日，对该国范围内申请或授权的同族专利进行划分，形成第二层分支结构。最后，就同一优先权下的专利，按照申请时间进行更深层级的排序。

在"优先权模式"下，首先，关注被分析专利在世界范围内的同族专利所有优先权日期。距离被分析专利最近的一层为优先权日。其次，对同一优先权日下的专利按照国家进行划分，形成第二层分支结构。最后，就同一国家下的专利，按照申请时间进行更深层级的排序。

以上两种模式使用户可以迅速便捷地获取被分析专利"在哪里有同族""优先权在什么时候""来自哪个国家"，并按照用户的关注内容进行专利的申请日、申请人、发明人、国际分类号、欧洲分类号和美国分类号等进行显示内容的切换。在用户与可视化结果交互上，允许用户通过双击鼠标和拖拽鼠标变更关注的节点，使可视化结果中只显示用户关注的节点，其余节点则隐藏起来，从而使被分析的同族专利数量不受可视化空间大小的限制。

## （五）同族专利可视化技术实现

同族专利可视化软件工具由同族专利信息的采集、清洗转换和可视化分析三个功能组成。同族专利信息主要来源于欧洲专利局的官方检索平台 INPADOC 数据库。首先，在同族专利采集过程中引入搜索引擎技术，以实现同族专利信息的深层次搜索；其次，清洗转换采集的同族信息以提供给分析引擎进行分析并存储；最后，采用可视化手段呈现分析结果，并输出展示文稿。其中，用户接口部分实现了与整个系统的对接。

## （六）同族专利可视化

通过对苹果公司在美国的专利跟踪，发现其专利号为 US2008128182 的专利，在 INPADOC 数据库范围内共有 391 件同族专利。为了进一步了解这些同族专利的情况，使用作者构建的同族专利系统进行分析。

首先，在被分析专利处输入专利号进行同族实时采集，获取专利同族信息。在国家和地区模式下，发现该专利在澳大利亚、奥地利、加拿大、中国、德国、欧洲专利局、西班牙、以色列、日本、韩国、美国、世界知识产权组织（AU、AT、CA、CN、DE、EP、ES、IL、JP、KR、US、WO）等范围内具有同族专利，如图 5-2 所示。

第五章 专利可视化技术

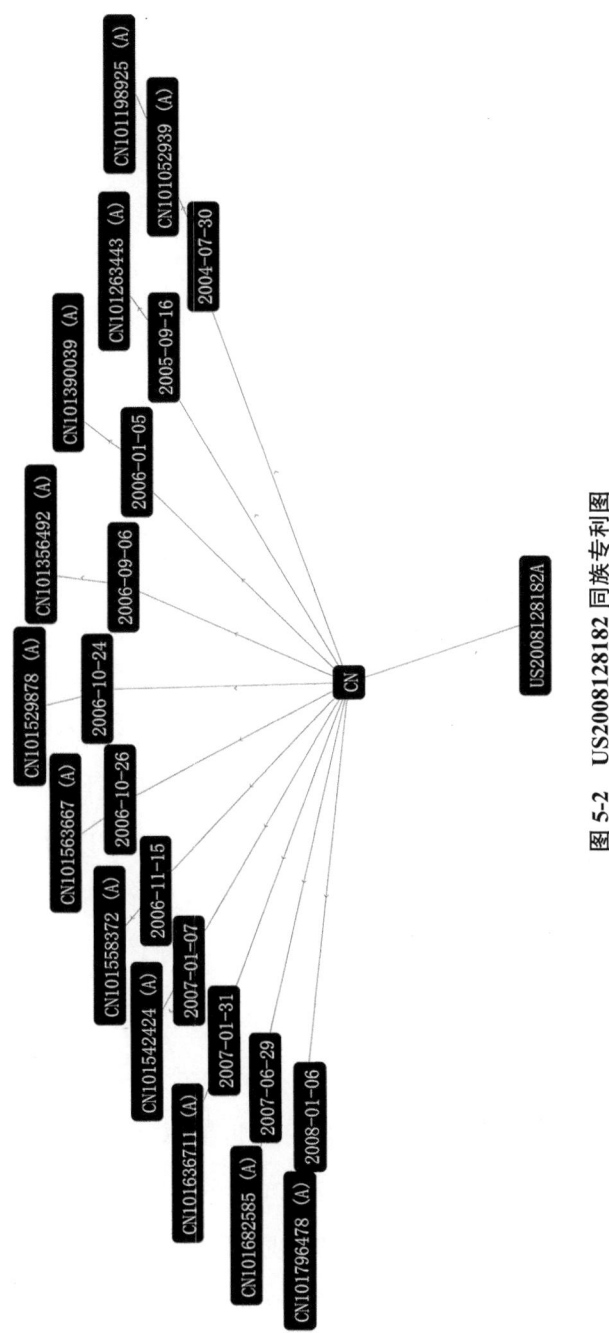

图 5-2　US2008128182 同族专利图

为了关注这些同族专利在中国是什么状态，双击"CN"节点。展开中国范围内的同族专利，可发现其同族专利优先权从 2004 年 7 月开始到 2008 年 1 月 6 日为止，共有 11 个之多。其中，优先权为 2005 年 9 月 16 日的专利 CN101384977 获得授权；按照国际分类号的分类准则，这些专利技术分类大多为 G06F3/048，即"图形用户界面的交互技术，如与窗口、图标或菜单的交互"；按照欧洲分类号的分类准则，这些专利大多为 G06F3/048A3 和 G06F3/048A3T，即"计算机人机用户接口，特别是通过触摸式的""计算机人机用户接口，把屏幕拆分成独立的区域块"，与国际分类准则的技术分类信息一致；对于每件专利，从文字上可粗略地看出这些专利的发明人比较分散，并没有集中在少数发明人手中。

在优先权模式下，我们发现最早优先权日为 1998 年 1 月 26 日。以该日期为优先权日的同族专利，在美国、日本、韩国、欧洲专利局申请相对较多，但只在美国、韩国获得了授权。由此可见，苹果公司对该技术专利布局早已做好了充分的准备；最近优先权日为 2008 年 1 月 6 日，在美国、中国、澳大利亚、欧洲专利局进行了专利布局；在对技术类别分析时，可以得到同"国家模式"一致的结论；在对发明人分析后发现，同一优先权下的同族专利发明人相对固定，优先权日为 2006 年 10 月 24 日的同族专利发明人多为 Huppi Brian，Fadell Anthony M，Barrentine Derek，Freeman Daniel，比较集中。

综合以上对于 US2008128182 同族专利的分析，可以得出以下结论：苹果公司在计算机触摸式操作上的技术研发从 20 世纪 90 年代开始，且持续性投入，但不同阶段的主要发明人有所变动，专利布局的国家范围比较广；同时，也发现并不是所有同族专利都获得授权，即便是相同优先权下的同族专利在不同国家范围内，授权状态也有所不同。原因主要有两个：一是由于各个国家的专利制度不同，如欧洲和中国专利局相对美国对于软件专利的可专利性要求更严格；二是不同审查员的审查水平、判别标准不一引起的不当授权，而后一种提供了应用同族专利在他国授权状态进行本国专利无效诉讼的规避竞争对手专利技术的解决办法。

## 第三节　发明主体合作可视化

### （一）合作分析的作用

科学技术迅猛发展，科技领域已进入"大科技"时代。学科间渗透交叉，科研难度日趋加大。科技攻关不仅需要巨额的资金投入，还需要研究者群体功能的发挥。合作研究则是聚个人创造力为群体智慧的有效途径。❶参与合作研究的研究者共同署名发表成果，并共同承担责任。他们具有认识论上的平等地位，并构成一个新的认知主体。这个新的认知主体通过他们的认知成果获得了认识论地位，并使合作研究成为一种认知方式。❷

与科学的专业化和团体化相适应，合作研究作为一种社会现象日益盛行。改善科学劳动组织，增加科研成果数量，提高科学劳动效率，都与科技文献作者分布状况不无关系。可以说，科技文献作者分布的规律是解决上述问题的一个重要出口。因此，科学技术的进步与发展促进了合作研究的加强与改善，采用科学合作的方式来研究结构复杂的大科学系统，已是科学研究的主要趋势。

---

❶ 韩秀兰.我国自然科学期刊论文合著现象进展研究 [J].情报科学，1998，16（6）：555-570.
❷ 赵焕芳.基于多数据源的科技文献信息可视化技术研究 [D].北京：北京理工大学，2006：29.

## （二）现有合作分析方法

在科研合作研究方面，美国学者 Beaver 于 1978 年 9 月在《科学计量学》上发表了论文《科学合作研究》[1]，首次对科学合作进行了全面的理论研究，通过科学论文合作的文献计量学方法论证了科学合作研究的客观存在。自从该文发表以来，国内外许多学者分别从国际科技合作与科研生产率的关系、科技合作的主体和收益、科技合作的社会关系和社会网络关系、政治和经济的变化对国际科技合作的影响、多国国际科技合作比较研究等方面，对科技合作进行了研究。[2]国外学者如 Glänzel[3]、Newman[4]、Miquel[5] 等，采用文献计量学及社会网络分析方法，以科学家个体合作、机构合作及国家合作为研究对象，分析了科研合作网络的结构及属性。国内学者如陈悦[6]、姜春林[7] 等，对管理科学领域作者合作率、合作作者年龄、合作地域分布等进行了计量研究；李亮[8]、刘则渊[9] 介绍目前国际复杂网络分析方法及其在合作研究中的应用；

---

[1] BEAVER D, ROSEN R. Studies in scientific collaboration Part III : Professionalization and the natural history of modern scientific Co-authorship [J]. Scientometrics, 1978, 1（3）: 231-245.

[2] 金炬，武夷山，梁战平. 国际科技合作文献计量学研究综述 [J]. 图书情报工作, 2003, 51（3）: 63-67.

[3] GLÄNZEL W. Coauthorship Patterns and Trends in the Sciences（1980—1998）: A Bibliometric Study with Implications for Database Indexing and Search Strategies [J]. Library Trends, 2002, 50（3）: 461-473.

[4] NEWMAN M. The Structure of Scientific Collaboration networks [J]. PNAS, 2001, 98（2）: 404-409.

[5] MIQUEL J F, OKUBO Y. Structure of International Collaboration in Science-Part II : Comparisons of Profiles in Countries using a Link Indicator [J]. Scientometrics, 1994, 29（2）: 271-297.

[6] 陈悦，刘则渊. 中国管理科学合作现象分析 [J]. 科学学研究, 2006, 23（6）: 758-764.

[7] 姜春林，丁堃. 关于我国高水平管理科学研究合作现象的统计分析 [J]. 研究与发展管理, 2004, 16（1）: 72-78.

[8] 李亮，朱庆华. 社会网络分析方法在合作分析中的实证研究 [J]. 情报科学, 2008, 26（4）: 549-555.

[9] 刘则渊，尹丽春，徐大伟. 试论复杂网络分析方法在合作研究中的应用 [J]. 科技管理研究, 2005（12）: 267-273.

赵焕芳❶、侯海燕❷采用信息可视化方法对科研合作网络进行可视化研究,从微观角度对科研个体及合作网络进行计量分析。

在科技合作关系可视化表示方面,多以学术期刊、论文为研究对象,专利的合作研究较少。此外,目前的方法更多强调合作者之间的整体关系、合作规律,忽略了个体的研究能力、在群体中的贡献力等。因此,构建合作关系可视化表示对科研合作现象、发明主体间的合作模式、个体的研发能力进行微观的、深入的分析,是研究重点之一。

## (三)合作关系可视化分析

社会网络分析常常用可视化网络图的方式表现社会关系,其表现结果比较直观,可以很清晰地观察社会网络的成员及他们之间的关系。在科研合作的可视化分析方面,这种可视化网络图得到了广泛的应用。作者构建的专利发明主体合作关系可视化分析法,采用社会网络分析法的表现形式,以节点和节点间的连线对专利发明主体及其之间的关系进行映射。创新之处在于进行具体映射时将发明主体的发明次序、同族专利数量、被引证数量融入其中,构建四类合作关系可视化表现。这种表现合作关系的可视化方法,不仅能够反映合作者之间的整体关系、合作规律,而且还能反映个体的研究能力、在群体中的贡献力。合作关系可视化分析法,如表5-1所示。

---

❶ 赵焕芳. 基于多数据源的科技文献信息可视化技术研究 [D]. 北京:北京理工大学, 2006.
❷ 侯海燕. 基于知识图谱的科学计量学进展研究 [D]. 辽宁:大连理工大学, 2006.

表 5-1 合作关系可视化分析法

| 合作分析法 | 节点大小 | 节点颜色 | 节点连线 | 节点文字 |
|---|---|---|---|---|
| A | 第一、第二、第三作者数量 | 红色表示第一作者数量、绿色表示第二作者数量、黄色表示第三作者数量 | 合著数量多少，越多，线越粗 | 节点名称与第一作者数量 |
| B | 专利文献数量 | 颜色越深，被引用次数越多 | 合著数量多少，越多，线越粗 | 节点名称与被引用数量 |
| C | 专利文献数量 | 相同技术主题内颜色越深，被引用次数越多 | 合著数量多少，越多，线越粗 | 节点名称与被引用数量 |
| D | 专利文献数量 | 颜色越深，表示同族专利越多 | 合著数量多少，越多，线越粗 | 节点名称与同族专利数 |

## （四）合作关系可视化应用

随着苹果公司 CEO 乔布斯·斯蒂文的离去，其对于苹果公司的专利贡献在媒体上得到大范围的报道：在苹果的专利组合中，共有 313 项将乔布斯列为"主要发明人"或"共同发明人"。乔布斯的名字在 33 项专利中被列在第一位，表明他在其中扮演了极其重要的角色。他参与的多数专利都与产品的外形和感觉相关。有超过 200 项专利是由乔布斯与苹果设计主管乔纳森·艾维（Jonathan Ive）共同开发的。

以下从发明人合作关系的角度，对苹果公司的主要发明人进行分析，用以发现苹果公司在不同时期的主要专利贡献者，以及其在不同时期的技术特征。

在美国授权专利数据库中检索苹果专利，时间截至 2011 年 10 月，共有专利 4108 件。将这些专利分为三个时期：1977—1985 年，1986—1995 年，1996—2011 年，这三个时期以乔布斯的离去和回归为时间分界点。然后，绘制

1977—2011 年及这三个时期苹果的发明人合作关系可视化图形。对合作关系的可视化图形进行解读，可以得到以下信息。

（1）乔布斯早期以英文名字 Jobs Steven P 进行专利申请，之后改为 Jobs Steve。

（2）1977—1985 年的专利发明人的单人专利数量都比较少，前三位 Peart Stephen、Manock Jerrold C、Oyama Terrell A 分别为 7 件、6 件、6 件，乔布斯此时的专利仅为 1 件，为第一发明人。

（3）1977—1985 年的苹果专利技术分布广泛。其中，在外观设计上的专利，初步形成了以 Peart Stephen、Manock Jerrold C 为核心的主要发明人团队。

（4）1986—1995 年乔布斯离开苹果公司期间，已经看不到乔布斯的专利了。其间，苹果公司的专利数量增加显著。单人专利数量最多达到 47 件，发明团队雏形已经确立，形成分别以 Riley Raymond W、Capps Stephen P、Roskowski Steven G 为核心的发明团队。每个团队的专利技术中心各不相同，但外观设计专利仍为主要的专利，发明人也最多。

（5）1996 年乔布斯回归后，苹果公司的专利急剧增加，单人专利数量最多已达 452 件。发明人团队相对过去更加固定，最主要的发明人以 Andre Bartley K、Coster Daniel J 为核心，大部分专利以该二人分别为第一、第二发明人，其余发明人数量虽多，但并非主要发明人。

（6）1996 年乔布斯回归后，其专利数量达到 302 件（Jobs Steven P 62 件，Jobs Steve 240 件）。乔布斯作为第一发明人的专利 28 件（Jobs Steven 24 件，Jobs Steve 4 件），专利技术仍以外观设计为主，同时涉及苹果公司的各个技术领域，作为纽带使苹果的发明人有机地组合在一起。

# 第四节　发明主体关联可视化

## （一）关联分析的过程与作用

关联分析通过对反映文献主题内容的词进行文献之间、作者之间、机构之间、区域之间的关联性或相异性定量分析，其基本出发点如下。❶

第一，科学研究的热点是由一系列在内容上密切相关的研究课题和概念组成的，这些热点是众多科学研究人员注意和跟踪的对象。

第二，热衷于或从事某一科学热点研究的科学家，无论其社会和知识背景如何，在很大程度上对于同一研究课题和概念，所使用的词汇是基本一样的。

以文献关联为例阐述基本过程如下。

首先，通过对技术关键词的共生关系（Terms Co-occurrences）计算来识别、确定一组文献内部所包含的技术组（群）。假定有 $n$ 篇文献，这 $n$ 篇文献包含 $m$ 个技术关键词，则建立了（$n$ 篇文献 × $m$ 个技术关键词）关联矩阵 $X$：

|       | Term（1） | Term（2） | … | Term（$i$） | … | Term（$j$） | … | Term（$m$） |
|-------|-----------|-----------|---|-------------|---|-------------|---|-------------|
| $D_1$ | 1 | 1 | … | $b_{1i}$ | … | $b_{1j}$ | … | $b_{1m}$ |
| $D_2$ | 0 | 1 | … | $b_{2i}$ | … | $b_{2i}$ | … | $b_{2m}$ |
| ⋮ | ⋮ | ⋮ | ⋮ | ⋮ | ⋮ | ⋮ | ⋮ | ⋮ |
| $D_i$ | $b_{i1}$ | $b_{i2}$ | … | $b_{ii}$ | … | $b_{ij}$ | … | $b_{im}$ |
| ⋮ | ⋮ | ⋮ | ⋮ | ⋮ | ⋮ | ⋮ | ⋮ | ⋮ |
| $D_j$ | $b_{j1}$ | $b_{j1}$ | … | $b_{ji}$ | … | $b_{jj}$ | … | $b_{jm}$ |
| ⋮ | ⋮ | ⋮ | ⋮ | ⋮ | ⋮ | ⋮ | ⋮ | ⋮ |
| $D_n$ | $b_{n1}$ | $b_{n2}$ | … | $b_{ni}$ | … | $b_{ni}$ | … | $b_{nm}$ |

---

❶ DONGHUA Z, PORTER A L. Automated extraction and visualization of information for technological intelligence and forecasting [J]. Technological Forecasting and Social Change, 2002, 69（5）: 495-506.

在矩阵 $X$ 中，文献 $D_i$ 的关键词 $Term_i$ 的权值，用布尔代数值表示。当 $Term_i$ 在 $D_i$ 文献中出现时取 1，否则取 0。$n$ 是文献组内包含文献的总数，$m$ 是文献组内所有关键词的总数。基于这个（文献关键词）$X$ 矩阵，可进一步得到（关键词关键词）共生的关联矩阵 $T$：$T=X^TX$。

其次，计算文献组内各关键词之间的关联度。文献组中 $Term_i$ 和 $Term_j$ 之间的关联计算根据以下公式得到：

$$\text{Sim}(\text{term}_i,\text{term}_j)=\sum_{k=1}^{m}t_{ik}\times t_{ik}$$

最后，调用可视化图形来表示关联分析的结果。

通过关联分析的基本过程可以发现，这是一种隐性关系的度量和表示方法，强调挖掘文献中潜在的、隐性的关联关系。在进行竞争对手识别、技术跟踪研究中，该方法具有更加广泛的应用。

## （二）现有关联分析方法

在关联分析研究方面，以美国乔治亚理工学院 Alan Porter 和我国北京理工大学朱东华教授的研究为代表。其关联分析的研究内容包括技术与技术之间的关联，作者与作者之间的关联，以及机构与机构之间的关联、地区与地区之间的关联等分析内容。其表现结果以关联可视化图为最主要的表现形式。此外，这些关联可视化分析在国外的文献分析软件 Vantage Point 和 Thomson Data Analyzer 中广泛使用。而在国内的分析软件中，仅北京理工大学朱东华教授的高技术监测系统拥有该功能。

## （三）发明主体关联可视化

### 1. 发明主体识别

先对文献集合中的发明主体进行识别抽取，如机构、作者、地区等。再对识别后的发明主体进行规范化处理，合并相同主体，建立发明主体与文献的隶属关系矩阵 $A$。假设文献集合中有 $n$ 个发明主体，$m$ 篇文献，构建矩阵如下：

$$A = \begin{bmatrix} & D_1 & D_2 & D_3 & \cdots & D_j & \cdots & D_m \\ A_1 & b_{11} & b_{12} & b_{13} & \cdots & b_{1j} & \cdots & b_{1m} \\ A_2 & b_{21} & b_{22} & b_{23} & \cdots & b_{2j} & \cdots & b_{2m} \\ A_3 & b_{31} & b_{32} & b_{33} & \cdots & b_{3j} & \cdots & b_{3m} \\ \vdots & \vdots & \vdots & \vdots & \ddots & \vdots & \ddots & \vdots \\ A_i & b_{i1} & b_{i2} & b_{i3} & \cdots & b_{ij} & \cdots & b_{im} \\ \vdots & \vdots & \vdots & \vdots & \ddots & \vdots & \ddots & \vdots \\ A_n & b_{n1} & b_{n2} & b_{n3} & \cdots & b_{nj} & \cdots & b_{nm} \end{bmatrix}$$

其中，$b_{ij}=1$ 或 $b_{ij}=0$，分别表示文献 $j$ 是否隶属于主体 $i$。

### 2. 文献特征提取

文献特征提取是指以一定特征项代表文档，如文献关键词或主题词。在文本挖掘时，只需对这些特征项进行处理，即可实现对非结构化的文本处理。这是一个由非结构化向结构化转换的处理过程。

对于科技论文等含有关键词的文献资料，可以直接采用关键词进行文献特征的表示。对于专利、科技报告等不包含关键词的文献资源，先要对文献进行分词预处理。对英文而言，分词即进行词性还原；对中文而言，由于中文词与词之间没有固定的分隔符（英文以空格分），使分词更为复杂。目前，主要有基于词库的分词算法和基于无词典的分词算法这两种技术。基于词库的分词算法包括正向最大匹配、正向最小匹配、逆向匹配及逐词遍历匹配法等。❶ 这类算法的特点是易于实现，设计简单；但分词的正确性很大程度上取决于所建的词库，而且对于歧义和未登录词的区分具有很大的困难。基于无词典的分词技术的基本思想：基于词频的统计，将原文中任意前后紧邻的两个字作为一个词进行出现频率的统计。出现的次数越高，成为一个词的可能性也就越大。在频率超过某个预先设定的阈值时，就将其视为一个词。这种方法能够有效地提取出未登录词。❷❸ 作者在研究发明主体关联关系构建过程中，可以综合两种方式进行文献特征词的提取，以文献关键词或分词结果为基础，利用中国科学技术信息研究所中英文叙词表进行同义词合并、概念提取，从而提取出更精确的文献特征。

### 3. 文献特征表示

提取特征后的文献集合，应用向量空间模型进行文献的特征表示。将文献看作由一组正交词条所组成的向量，每个文献表示为其中的一个范化特征向量 $V(D)=(t_1,w_1;t_2,w_2,\cdots,t_n,w_n)$。其中，$t_i$ 为词条项，$w_i$ 为 $t_i$ 在文献 $D$ 中的权值。这样所有的文献就构成了一个向量空间。当文献集合固定时，$t_i$ 值固定不变，故可看作特征向量的下标，从而特征向量简化为 $V(D)=(w_1,w_2,\cdots,w_n)$。$w_i$ 一般定义为 $t_i$ 在 $D$ 中出现频率的函数 $\phi=(tf_i(D))$，常见的有布尔函数 $\phi=\begin{cases}0 & tf_i(D)\geqslant 1\\1 & tf_i(D)\leqslant 1\end{cases}$，平方根函数 $\phi=\sqrt{f_i(D)}$，对数函数 $\phi=\log(tf_i(D)+1)$ 和 $tf_i df$ 函数 $\phi=f_i(D)\times\log\left(\dfrac{N}{n_i}\right)$，$N$ 为所有文档的数目，$n_i$ 为含有词条 $t_i$ 的文档数目。

---

❶ 刘源. 信息处理用现代汉语分词规范及自动分词方法 [M]. 北京：清华大学出版社，1994：36-37.
❷ 严威，赵政. 开发中文搜索引擎汉语处理的关键技术 [J]. 计算机工程，1999，25（6）：5-7.
❸ 吴立德. 大规模中文文本处理 [M]. 上海：复旦大学出版社，1997.

### 4. 构建文献与关键词同现矩阵

以向量空间模型进行文献特征表示后,构建文献与关键词的同现频率矩阵。假设文献集合中有 $n$ 篇文献,$l$ 个关键词,构建矩阵如下:

$$X = \begin{bmatrix} & Keyword_1 & Keyword_2 & Keyword_3 & \cdots & Keyword_k & \cdots & Keyword_l \\ D_1 & b_{11} & b_{12} & b_{13} & \cdots & b_{1k} & \cdots & b_{1l} \\ D_2 & b_{21} & b_{22} & b_{23} & \cdots & b_{2k} & \cdots & b_{2l} \\ D_3 & b_{31} & b_{32} & b_{33} & \cdots & b_{3k} & \cdots & b_{3l} \\ \vdots & \vdots & \vdots & \vdots & \ddots & \vdots & \ddots & \vdots \\ D_j & b_{j1} & b_{j2} & b_{j3} & \cdots & b_{jk} & \cdots & b_{jl} \\ \vdots & \vdots & \vdots & \vdots & \ddots & \vdots & \ddots & \vdots \\ D_m & b_{m1} & b_{m2} & b_{m3} & \cdots & b_{mk} & \cdots & b_{ml} \end{bmatrix}$$

其中,$b_{jk}=1$ 或 $b_{jk}=0$,分别表示文献 $j$ 是否使用了关键词。

例如,假定有 6 篇文献,这 6 篇文献共包含有 5 个技术关键词,则我们就建立了 {6 篇文献 ×5 技术关键词} 的关联矩阵 $X$:

$$\begin{bmatrix} & Keyword_1 & Keyword_2 & Keyword_3 & Keyword_4 & Keyword_5 \\ D_1 & 1 & 0 & 1 & 1 & 0 \\ D_2 & 1 & 0 & 1 & 0 & 1 \\ D_3 & 1 & 1 & 0 & 0 & 0 \\ D_4 & 0 & 0 & 1 & 0 & 1 \\ D_5 & 1 & 0 & 1 & 1 & 0 \\ D_6 & 1 & 1 & 0 & 0 & 0 \end{bmatrix}$$

其中,1 代表 $Keyword_j$ 在 $D_i$ 中出现,0 代表 $Keyword_j$ 不在 $D_i$ 中出现。

### 5. 构建发明主体与关键词同现矩阵

利用发明主体与文献的隶属关系矩阵、文献与关键词的同现矩阵,构建发明主体与关键词同现矩阵。

$$AX = \begin{bmatrix} & \text{Keyword}_1 & \text{Keyword}_2 & \text{Keyword}_3 & \cdots & \text{Keyword}_k & \cdots & \text{Keyword}_l \\ A_1 & e_{11} & e_{12} & e_{13} & \cdots & e_{1k} & \cdots & e_{1l} \\ A_2 & e_{21} & e_{22} & e_{23} & \cdots & e_{2k} & \cdots & e_{2l} \\ A_3 & e_{31} & e_{32} & e_{33} & \cdots & e_{3k} & \cdots & e_{3l} \\ \vdots & \vdots & \vdots & \vdots & \ddots & \vdots & \ddots & \vdots \\ A_i & e_{i1} & e_{i2} & e_{i3} & \cdots & e_{ik} & \cdots & e_{il} \\ \vdots & \vdots & \vdots & \vdots & \ddots & \vdots & \ddots & \vdots \\ A_n & e_{n1} & e_{n2} & e_{n3} & \cdots & e_{nk} & \cdots & e_{nl} \end{bmatrix}$$

主体 $A_i$ 的关键词 $\text{Keyword}_k$ 的权值，用 $e_{ik}$ 表示，$e_{ik}$ 的取值为 $\text{Keyword}_k$ 在 $A_i$ 发表的文献中出现的频数。$n$ 是发明主体的总数。$l$ 是文献组内所有关键词的总数。

## 6. 计算发明主体间的关联度，构建发明主体关联矩阵

向量空间模型常采用相似度来度量两个文档 $D_1$、$D_2$ 之间的相关程度，而相似度定义为文档向量之间的距离，以夹角余弦公式居多：

$$\text{Sim}(D_1, D_2) = \cos(\theta) = \frac{\sum_{k=1}^{n} w_{1k} w_{2k}}{\sqrt{\sum_{k=1}^{n} w_{1k}^2} \times \sqrt{\sum_{k=1}^{n} w_{2k}^2}}$$

其中，$D_1=(w_{11},w_{12},\cdots,w_{1n})$ $D_1=(w_{21},w_{22},\cdots,w_{2n})$。

在计算发明主体的关联度上，采用夹角余弦作为关联度结果。将每个发明主体的文献集合作为一篇文献，采用 tf.idf 函数 $\phi = f_i(D) \times \log\left(\dfrac{N}{n_i}\right)$ 进行特征表示。$\phi=[tf_i(D)]$ 为词 $t_i$ 在文献 $D$ 中出现频率的函数，$N$ 为所有文献的数目，$n_i$ 为含有词 $t_i$ 的文献数目。

## (三)发明主体关联可视化应用

以锂离子动力电池德温特专利数据为例,检索获取相关数据后,进行申请人的关联可视化分析。关联关系显著的 toyota jidosha kk(toyt-c)、hefei guoxuan high tech power source co(hefg-c)、shenzhen bak battery co ltd(bicb-c)、univ beijing jiaotong(ubji-c)、wuxi tongchun new energy sci & technolog(wtne-c)、univ hangzhou dianzi(uyhh-c)、toyota motor eng & mfg north america inc(toyt-c)、univ jilin(uyji-c)、fujian epower electronic technology co(fuji-non-standard)、shanghai inst space power sources(caer-c)、dainippon printing co ltd(nipq-c)、state grid corp china(sgcc-c)、univ beihang(unba-c)、univ shanghai jiaotong(usjt-c); 3m innovative properties co(minn-c)、guangzhou energy inst conversion chinese(caec-c)、peugeot citroen automobiles sa(citr-c)、dana canada corp(danc-c)、univ xuchang(uyxc-c)、univ nottingham ningbo(uyno-non-standard); johnson controls technology co(jhns-c)、johnson controls inc(jhns-c)、cps technology holdings llc(cpst-non-standard)、camel group wuhan guanggu res & dev cent(came-non-standard); bosch gmbh robert(bosc-c)、samsung sdi co ltd(smsu-c); ford global technologies llc(ford-c)、ford global technology co ltd(ford-c), 如图 5-3 所示。

从主题角度看,toyota jidosha kk(toyt-c)、hefei guoxuan high tech power source co(hefg-c)、shenzhen bak battery co ltd(bicb-c)、univ beijing jiaotong(ubji-c)、wuxi tongchun new energy sci & technolog(wtne-c)、univ hangzhou dianzi(uyhh-c)、toyota motor eng & mfg north america inc(toyt-c)、univ jilin(uyji-c)、fujian epower electronic technology co(fuji-non-standard)、

第五章 专利可视化技术

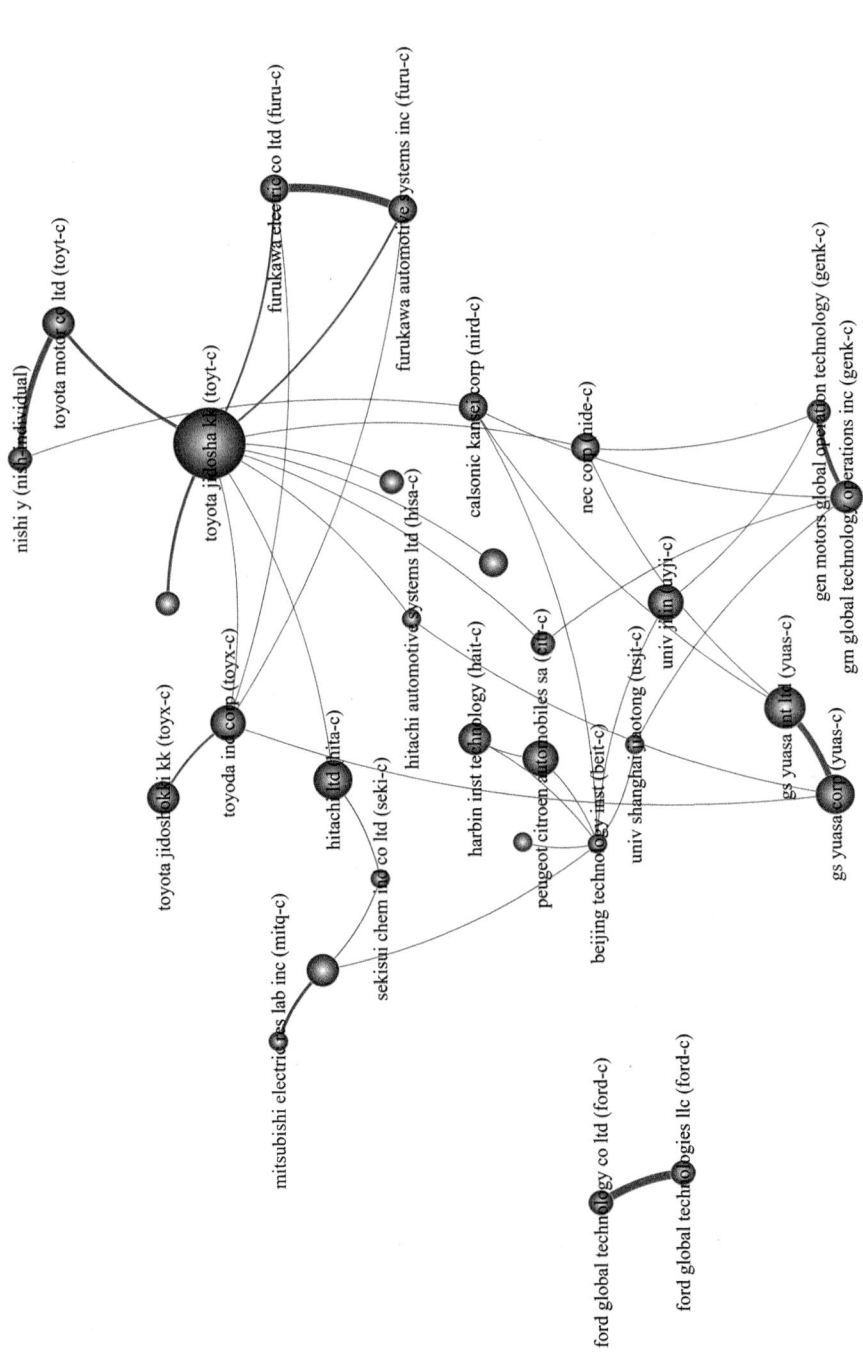

图 5-3 锂离子动力电池申请人关联关系图

shanghai inst space power sources（caer-c）、dainippon printing co ltd（nipq-c）、state grid corp china（sgcc-c）、univ beihang（unba-c）、univ shanghai jiaotong（usjt-c），侧重于[temperature difference]，[lithium ion battery]，[service life]，[electric conduction line]，[electric vehicle]；3m innovative properties co（minn-c）、guangzhou energy inst conversion chinese（caec-c）、peugeot citroen automobiles sa（citr-c）、dana canada corp（danc-c）、univ xuchang（uyxc-c）、univ nottingham ningbo（uyno-non-standard），侧重于[circuit board]，[electrical distribution switch gear]，[electronic device]，[management system]，[power transformer]；johnson controls technology co（jhns-c）、johnson controls inc（jhns-c）、cps technology holdings llc（cpst-non-standard）、camel group wuhan guanggu res & dev cent（came-non-standard），侧重于[battery module]，[battery modules]，[thermal management]，[battery cell]，[battery cells]；bosch gmbh robert（bosc-c）、samsung sdi co ltd（smsu-c），侧重于[battery cell]，[battery cells]，[lithium-ion battery]，[motor car]，[battery module]；ford global technologies llc（ford-c）、ford global technology co ltd（ford-c），侧重于[electrified vehicle]，[battery cell]，[battery cells]，[battery electric vehicle]，[battery pack]。

从技术类别看，hefei guoxuan high tech power source co（hefg-c）、shenzhen bak battery co ltd（bicb-c）、univ beijing jiaotong（ubji-c）、guangzhou energy inst conversion chinese（caec-c）、wuxi tongchun new energy sci & technolog（wtne-c）、univ hangzhou dianzi（uyhh-c）、univ jilin（uyji-c）、fujian epower electronic technology co（fuji-non-standard）、shanghai inst space power sources（caer-c）、camel group wuhan guanggu res & dev cent（came-non-standard）、state grid corp china（sgcc-c）、univ nottingham ningbo（uyno-non-standard）、univ shanghai jiaotong（usjt-c），侧重于[s01-g06]，[x16-b01f1]，[x16-g]，[l03-e01]，[x16-h05]；johnson controls technology co（jhns-c）、ford global technologies llc（ford-c）、johnson controls inc（jhns-c）、ford global technology co ltd（ford-c）、3m innovative properties co（minn-c）、cps technology holdings llc（cpst-non-standard）、dainippon printing co ltd（nipq-c），侧重于[x16-b01f1]，[l03-h05]，[l03-e01d1]，[x16-f06]，[a12-e06c]；gm global technology operations inc（genk-c）、gen motors global operation technology（genk-c）、toyota jidosha kk（toyt-c）、peugeot citroen automobiles sa（citr-c）、toyota motor eng & mfg north america inc（toyt-c）、dana canada corp（danc-c）、univ xuchang（uyxc-c），侧重于[x16-b01f1]，[x21-a01f]，[l03-h05]，[x21-a01d]，[x21-b01a]；bosch gmbh robert（bosc-c）、samsung sdi co ltd（smsu-c）、univ beihang（unba-c），侧重于[x16-b01f1]，[l03-h05]，[l03-e01]，[x16-f01]，[x21-a01f]。

# 第五节　发明主体与技术热点关联可视化

## （一）发明主体与技术热点关联

在实际的分析需求中，研究者不仅关注发明主体之间、研究内容之间的关联，还关注发明主体与研究内容之间的关联。比如，在进行学术研究机构的关联分析中，不但要知道各个机构研究内容的关联性，还要明晰这些机构各自的研究重点、技术优势。为此，一些研究人员将多元统计分析中的对应分析引入学术关联分析中。Dore 等利用该统计方法对 48 个国家的 18 个科研领域的期刊文献进行分析，用以发现各个国家在各领域的科研优势❶，并应用该方法进一步对专利文献进行分析挖掘❷。Bhattacharya 利用该方法研究 INSPEC 数据库中物理学领域 1990—1995 年 20 个主要国家和研究主题间的关联。❸Anuradha 应用该方法对印度在各学科的国际合作中的特点进行分析，揭示印度国际合作中国家与技术领域的关联性❹，后将该方法与聚类分析结合进行科技文献的分析❺。Iribarren 等应用该方法对马德里大学的 10 个技术领域的科技文献引证和合著的关联性进行揭示。❻笔者结合文本挖掘与对应分析进行通信领域中国专利文献分析，用以挖掘领域内的研究机构与技术领域的关联性。❼

在关联结果的表示上，基于经典对应分析的关联关系采用二维坐标图进行样本和变量的关联性表示，这种表示存在两个方面不足：一是由于对应分析方法本身将多维空间中点的布局压缩到二维空间，导致信息不完备；二是当样本和变量较多时，坐标点之间距离较小，坐标点相互重叠，图形复杂度增加，不

---

❶ DORE J C, OJASOO T, OKUBO Y. Correspondence Factor Analysis of the Publication Patterns of 48 Nations over the Period 1981—1992 [J]. Journal of the American Society for the Information of Science, 1996, 47（8）: 588-602.

❷ DORE J C, DUTHEUIL C, MIQUEL J F. Multidimensional Analysis of Trends in Patent Activity [J]. Scientometrics, 2000, 47（3）: 475-492.

❸ BHATTACHARYA S, PAL C, ARORA J. Inside the Frontier Areas of Research in Physics: A Micro Level Analysis [J]. Scientometrics, 2000, 47（1）: 131-142.

❹ ANURADHA K T, SHALINI R U. Bibliometric Indicators of Indian Research Collaboration Patterns: A Correspondence Analysis [J]. Scientometrics, 2007, 71（2）: 179-189.

❺ ANURADHA K T, GOPALAN T K. Trend and Patterns in Explicit Organizational Knowledge: A Correspondence Analysis and Cluster analysis [J]. The International Information & Library Review, 2007, 39（3）: 247-259.

❻ IRIBARREN MAESTRO I, LASCURAIN SANCHEZ M, SANZ CASADO E. Are Multi-authorship and Visibility Related? Study of Ten Research Areas at Carlos III University of Madrid [J]. Scientometrics, 2009, 79（1）: 191-200.

❼ 刘玉琴. 基于专利检索与专利分析的技术创新管理方法研究 [D]. 北京：北京理工大学, 2008.

易对分析结果进行阅读和理解。笔者基于对应分析的方法原理，对方法进行适当的改进，研究实现一个能够全面、准确反映发明主体之间、研究内容之间及发明主体和研究内容之间的关联关系的学术关系构建方法。

## （三）发明主体与技术热点关联可视化

在进行专利发明主体与技术热点的关联可视化设计上，要解决两个重要的问题：一是关联的计算；二是可视化图形表示。

对应分析，也称"相应分析"，它是在 $R$ 型因子分析和 $Q$ 型因子分析的基础上发展起来的一种多元统计方法。对应分析的实质是将行、列变量的交叉表变换为一张散点图，从而将表格中包含的类别关联信息用各散点空间位置关系的形式表现出来。❶

该方法的采用数据变换：

$$z_{ij} = \frac{x_{ij} - x_{i.}x_{.j} / \sum_{i=1}^{n}\sum_{j=1}^{m} x_{ij}}{\sqrt{x_{i.}x_{.j}}} \quad (i=1,2,\cdots,n; j=1,2,\cdots,m)$$

使含有 $n$ 个样品、$m$ 个变量的原始数据矩阵 $\boldsymbol{X} = (x)_{n \times m}$ 变成另一个矩阵 $\boldsymbol{Z} = (z)_{n \times m}$，使用 $\boldsymbol{R}=\boldsymbol{Z'Z}$ 分析变量之间关系的协方差矩阵，$\boldsymbol{Q}=\boldsymbol{ZZ'}$ 分析样品之间关系的协方差矩阵，并且 $\boldsymbol{R}$ 与 $\boldsymbol{Q}$ 具有相同的非零特征根 $\lambda_1 \geq \lambda_2 \geq \cdots \geq \lambda_p$。它们相应的特征向量 $\boldsymbol{U}_i = (u_{1i}, u_{2i} \cdots u_{ni})'$ 和 $\boldsymbol{V}_i = (v_{1i}, v_{2i} \cdots v_{ni})'$ 之间也有密切的关系。对协方差矩阵 $\boldsymbol{R}$、$\boldsymbol{Q}$ 进行分析，分别提取两个最重要的公因子 $R_1$、$R_2$ 与 $Q_1$、$Q_2$。由于采用变换方法的特殊性，使公因子 $R_1$ 与 $Q_1$、$R_2$ 与 $Q_2$ 本质上是相同的，故可用维度 1 作为 $R_1$ 与 $Q_1$ 的统一标志，维度 2 作为 $R_2$ 与 $Q_2$ 的统一标志。各行、各列变量

---

❶ 于秀林，任雪松. 多元统计分析 [M]. 北京：中国统计出版社，1999：199-201.

在维度 1 和维度 2 上的载荷分别如下：

$$\begin{pmatrix} u_{11}\sqrt{\lambda_1} & u_{12}\sqrt{\lambda_2} \\ u_{21}\sqrt{\lambda_1} & u_{22}\sqrt{\lambda_2} \\ \vdots & \vdots \\ u_{n1}\sqrt{\lambda_1} & u_{n2}\sqrt{\lambda_2} \end{pmatrix} \begin{pmatrix} v_{11}\sqrt{\lambda_1} & v_{12}\sqrt{\lambda_2} \\ v_{21}\sqrt{\lambda_1} & v_{22}\sqrt{\lambda_2} \\ \vdots & \vdots \\ v_{n1}\sqrt{\lambda_1} & v_{n2}\sqrt{\lambda_2} \end{pmatrix}$$

在同一坐标系中，做出因子平面点聚图。这样便于考察变量与样品之间的关系。利用 SPSS 统计软件，很快就会得到分析结果。

对应分析将样本信息与变量信息统一起来，以二维坐标图中的点及其距离来分析样本之间、变量之间以及样本和变量之间的关联性。作者在发明主体与研究内容的关联关系构建上，将发明主体作为样本信息，研究内容作为变量信息；采用对应分析法将其映射为多维空间中的点；以适当的变换将点的距离值转化为点的关联度，进而结合可视化技术进行关联结果的表示。

基于分析的基本思路，在关联计算上，基于对应分析方法进行算法改进。首先，构建发明主体与技术热点（技术类别或技术关键词）之间的同现矩阵 $X = (x)_{n \times m}$；其次，进行矩阵变换，得到矩阵 $Z = (z)_{n \times m}$，计算得到非零特征值 $\lambda_1 \geq \lambda_2 \geq \cdots \geq \lambda_p$ 及其对应的特征向量；最后，得到专利主体变量和技术热点变量在特征向量上的载荷矩阵：

$$\begin{pmatrix} u_{11}\sqrt{\lambda_1} & u_{12}\sqrt{\lambda_2} & \cdots & u_{1p}\sqrt{\lambda_p} \\ u_{21}\sqrt{\lambda_1} & u_{22}\sqrt{\lambda_2} & \cdots & u_{2p}\sqrt{\lambda_p} \\ \vdots & \vdots & \ddots & \vdots \\ u_{n1}\sqrt{\lambda_1} & u_{n2}\sqrt{\lambda_2} & \cdots & u_{np}\sqrt{\lambda_p} \end{pmatrix} \begin{pmatrix} v_{11}\sqrt{\lambda_1} & v_{12}\sqrt{\lambda_2} & \cdots & v_{1p}\sqrt{\lambda_p} \\ v_{21}\sqrt{\lambda_1} & v_{22}\sqrt{\lambda_2} & \cdots & v_{2p}\sqrt{\lambda_p} \\ \vdots & \vdots & \ddots & \vdots \\ v_{n1}\sqrt{\lambda_1} & v_{n2}\sqrt{\lambda_2} & \cdots & v_{np}\sqrt{\lambda_p} \end{pmatrix}$$

以载荷矩阵作为专利主体变量和技术热点变量在多维空间中的坐标（与对应分析同），再利用坐标计算各个变量之间的距离，得到距离矩阵

$D = (d)_{(n+m) \times (n+m)}$。用 1-D 表示关联数值，完成关联的计算。

在可视化表示上，先调用 PathFinder 算法对距离矩阵进行重要关联信息的过滤；然后，调用可视化布点算法，按照表 5-2 进行可视化结果输出。

表 5-2　发明主体与技术热点关联可视化分析法

| 节点 | 节点连线 | 节点文字 |
| --- | --- | --- |
| 圆表示专利发明主体、矩形表示技术类别 | 关联性越大，线越粗；反之，越细 | 节点名称 |

整个可视化的过程，本质上是通过适当的变换将对应分析的二纬散点图用社会网络的形式进行可视化输出。

## （四）发明主体与技术热点关联和可视化应用

以下仍然对苹果公司美国授权专利进行实证分析，分析其专利发明人与美国专利分类号之间的关联。该分析是对合作关系可视化分析的进一步扩充。为此，绘制专利数量排名前 50 的专利发明人和专利数量排名前 50 的美国专利分类号之间的可视化图形。

对苹果乔布斯进行重点分析，从图 5-4 可以看出，乔布斯的专利技术在其不同阶段侧重点有所不同。以"Jobs Steve"名字申请的专利技术与 D14/217 关联最大；以"Jobs Steven P"名字申请的专利技术与 707/999.003 为关联最大。14/217 是与视频或音频传输、录制或重放相关设备的外观设计专利技术，707/999.003 是与数据库或文件查询处理相关的技术。

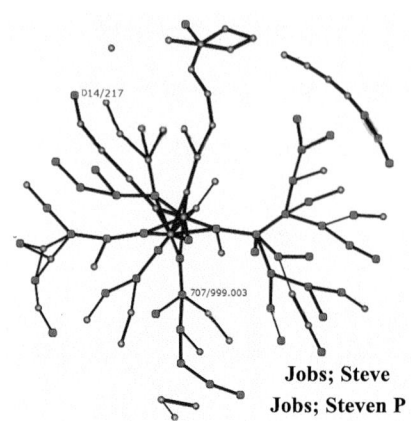

图 5-4　苹果美国授权专利发明人与技术热点之间关联可视化图（标注 Jobs Steve）

# 第六节　基于共词分析思想的专利共现可视化分析

## （一）共词分析基本思想

共词分析也是文献计量学中常用的研究方法，最早被详细描述是在 20 世纪 70 年代中后期，由法国文献计量学家开始的。所谓"共词"是指两个或更多的关键词在一篇文档中同时出现。其方法基础来源于观点——关键词的共现描述了文件中文档的内容。它通过描述文档集中词与词之间的关联与结合，更好地反映了概念之间的关系，从而揭示某一科技领域研究内容的内在相关性和学科领域的微观结构。通过网络分析，还可以展示科技发展动态和趋势。❶共词分析试图直接从文本内容中抽取科学技术主题和发现这些主题间的关系，而不是依赖于先前定义的科学技术研究主题。这使人们能够客观地追随参与者，并且没有偏激地发现科学技术的动态变化。

---

❶ 谢彩霞，梁立明，王文辉. 我国纳米科技论文关键词共现分析 [J]. 情报杂志，2005（3）：69-73.

## （二）专利共现分析可视化

将共词分析方法应用到专利的技术类别信息，即国际专利分类、美国专利分类和欧洲专利分类等类别信息进行专利的技术融合分析。可视化表示采取与共词分析相似的表现形式。例如，从国际专利分类和美国专利分类两个角度，对苹果美国授权专利的技术融合性进行分析。提取技术类别最多的前100个类别号，分别绘制技术融合可视化表示图。对两个可视化结果进行观察，发现其技术融合非常广泛，表现在可视化图形上是关联连接线较为密集；同时，也发现在这些密集的连接线中，有些融合模式非常显著，这样的模式并不多，可以说大多的融合模式不显著。为了进一步摸清融合模式较强的技术内容，对可视化结果进行过滤，以技术类别同现次数10为阀值，筛选出融合性较强的技术。

从国际专利分类角度来看，技术融合特征比较明显的有与计算机触摸输入相关的硬件装置、图形用户接口技术、数据处理技术、数据传输技术和三维图像处理技术。其中，与计算机触摸输入相关的硬件装置包括的技术分类最多，以G06F3/033（人机交互的使用者定位装置）为中心，多达6个技术类别。除此之外，还有两个外观设计的技术类别数量较多，与其他技术无融合关系，并且从技术主题看不出更加细致的技术信息。

从美国专利分类角度来看，技术融合特征比较明显的有数字多媒体的转换、编码设备、计算机电源控制技术、程序处理技术、文档处理技术、图形用户接口技术和计算机显示颜色处理技术。其中，图形用户接口技术涉及的技术类别号较多，并且分别以715/835、715/723、715/716为中心形成了更加细致的技术组合。从国际专利分类号看，是关于数字多媒体的转换、编码设备的专利。

# 第七节　大规模知识地形图可视化

## （一）知识地形图

知识地形图类似于技术主题图，可以采用文本中的主题词进行知识表示、图形绘制，如专利 CN201610329206.8，从文本中提取主题词进行知识地形图绘制，进行知识表达。也有采用文献距离进行文献聚类，进行知识提取、图形绘制，典型的有加拿大科睿唯安 Innovation 的专利地图。该图的算法较为复杂。在图形绘制上，有热力图、地形图、彩虹图和气象图等形式。

当文本数据较多，主题词规模较大时，如有上万个文献或主题词，绘制结构清晰、准确揭示文本内容的知识地形图是十分困难的。专利 CN201610329206.8 在主题词超过 1000 个以上，由于布局算法本身的限制，使绘制的知识地形图的可读性大大降低，且无法体现文本所隶属的主体之间的关系，仅仅是文本结构特征的展示。加拿大科睿唯安 Innovation 的专利地图，可以展示的节点数量相对较多，也能够体现文本隶属的主体之间的关系，但该地图的算法复杂，技术实现困难。

## （二）大规模知识地形图可视化

作者提出一种大规模知识地形图可视化方法，其基本过程如下。

**步骤一**：采用分词技术获取每个文档的主题词，建立文档主题词矩阵。

$$\begin{pmatrix} & \text{Keyword}_1 & \text{Keyword}_2 & \text{Keyword}_3 & \cdots & \text{Keyword}_k & \cdots & \text{Keyword}_l \\ D_1 & e_{11} & e_{12} & e_{13} & \cdots & e_{1k} & \cdots & e_{1l} \\ D_2 & e_{21} & e_{22} & e_{23} & \cdots & e_{2k} & \cdots & e_{2l} \\ D_3 & e_{31} & e_{32} & e_{33} & \cdots & e_{3k} & \cdots & e_{3l} \\ \vdots & \vdots & \vdots & \vdots & \ddots & \vdots & \ddots & \vdots \\ D_i & e_{i1} & e_{i2} & e_{i3} & \cdots & e_{ik} & \cdots & e_{il} \\ \vdots & \vdots & \vdots & \vdots & \ddots & \vdots & \ddots & \vdots \\ D_n & e_{n1} & e_{n2} & e_{n3} & \cdots & e_{nk} & \cdots & e_{nl} \end{pmatrix}$$

**步骤二**：上述矩阵输入 TSNE 算法，采用 TSNE 算法将文档映射到二维平面中的点。平面中，每个文档用球形节点表示，节点颜色用于区分该节点文档所隶属的主体，如机构、作者、国家等信息，隶属于用一个主体的文档节点颜色相同。与专利 CN201610329206.8 不同的是，本发明在二维平面的节点为文档节点，非主题词节点。采用的平面布局算法为 TSNE 算法，非 Fruchterman-Reingold Layout 和 VOSMapping 算法。TSNE 算法的优点是，在大规模文档能进行较为清晰的结构展示。

**步骤三**：基于单位面积内文档节点的数量与布局坐标构建平面像素点的密度函数。文档的平面坐标确定后，将其绘制到计算机屏幕，达到地形图的渲染效果，需要确定每个像素点的颜色。为此，建立一个密度函数，用于映射每个像素点的颜色值。

假设：$N$ 个文档的坐标分别为 $(x_i, y_i)$，$i=1,\cdots,n$，文档之间的二维欧氏距离平均值为 $\overline{\text{Distance}}$，像素点 $P$ 的坐标 $(x,y)$。

定义像素点的密度函数公式：

$$\text{Density}(x,y) = \sum_{i=1}^{n} f(\text{Numer}_i) e^{-\alpha \left( \frac{\sqrt{(x-x_i)^2 + (y-y_i)^2}}{\overline{\text{Distance}}} \right)^{\beta}} \quad (\alpha>0, \beta>0)$$

其中，$N_P$ 是像素点 $P$ 为中心的单位面积中所涵盖的文档节点数量，非全部文档节点，目的是加快算法的执行，节省运行时间。$\alpha$、$\beta$ 的取值决定了地形图的坡度效果。图 5-5 展示了 $N$ 与 $N_P$ 之间的关系。

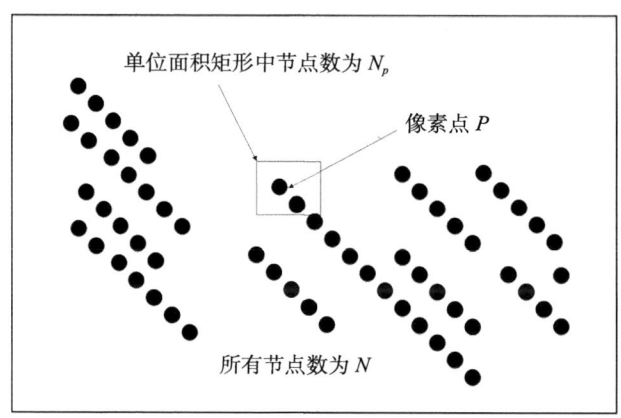

**图 5-5** $N$ 与 $N_P$ 之间的关系

**步骤四**：计算像素点的色彩进行地形图渲染。

（1）将密度函数标准化，使其取值为 0~1 的浮点数，可以采用如下变换方式：

$$\frac{\text{Density}(x,y)}{\text{Density}_{\max}} \subset [0,1]$$

（2）建立一个 HSV 颜色模式的调色板，H 和 V 取值固定。其中，HSV 模式是指色调（H，Hue）；饱和度（S，Saturation）；明度（V，Value）。

（3）建立像素点密度值 HSV 模式调色板——映射关系。举例来说，如果像素点标准化后的密度值为 0.1，该像素点对应的颜色为 HSV 调色板中 S 值为 10%。

（4）屏幕像素点颜色 S 值等级划分，划分的目的是使最后的知识地形图具有层次感，分为 $N$ 个等级，$N \geqslant 3$。例如，平均划分 10 个等级。当某个像素点的 HSV 颜色中的 S 值为 11% 时，将其调整为 20%，这样调整后的图形可达到地形图的效果。

## （三）知识地形图可视化应用

以智能驾驶技术德温特专利数据为例，利用 ItgInsight 的绘制原创国专利地图。其中，每个节点表示一件专利，用颜色区分专利原创国家，红色为中国专利，蓝色为美国专利，绿色为德国专利，节点距离表示专利技术的相似程序，等高线山峰为专利技术聚类形成的技术主题。美国技术侧重为 [autonomous vehicle]，[self-driving car]，[driverless car]；德国的技术侧重为 [motor vehicle]，[transport vehicle]，[simple manner]；中国的技术侧重为 [driverless vehicle]，[unmanned vehicle]，[block diagram]；日本的技术侧重为 [driverless operation]，[block diagram]，[control method]。

# 第三篇

# 专利分析工具

# 第六章 专利分析工具对比

## 第一节 专利分析工具功能

随着信息技术的飞速发展,众多专利分析工具应运而生。尽管不同分析工具各有专长,但总体来说,其功能可归纳为专利数据监测、数据采集、数据清洗、数据加工、统计分析、文本挖掘和信息可视化七项。

### (一)数据监测

数据监测是指用户在某些专利检索平台上进行专利检索后,将检索条件保留在检索平台或本地检索管理工具。只要保留的检索条件返回的检索结果有变化,检索平台或本地检索管理工具就会变化信息以邮件的形式通知用户,提醒用户其所关注的专利数据发生了变化。

## （二）数据采集

一些本地化的专利分析工具中，工具本身和工具提供商并没有专利数据，只是提供指向各国官方专利局专利检索平台的数据采集功能，在用户进行检索后将检索的专利数据批量采集到本地，然后在本地进行数据加工和分析。

## （三）数据清洗

专利数据清洗一方面是对原始专利数据进行规范化操作，如申请机构和发明人名称规范、引证信息规范；另一方面允许用户对检索结果相关性进行判断，筛选出符合条件的专利集合，从而为专利分析提供准确的数据基础。

## （四）数据加工

数据加工也称数据标引，是指通过人工解读专利数据后，将专利按照预先定义的技术类别进行分类；同时，对专利所解决的技术问题、采取的技术手段、达到的技术效果、创新程度等进行人工的标注，从而提炼出隐含于专利中的更加明确的技术信息。

## （五）统计分析

统计分析是指依据专利的著录项目，对专利申请时间、申请人、申请机构、申请国家、同族专利数量、引证专利数量等指标进行组合统计，用于把握专利的分布状况及其发展态势。

## （六）文本挖掘

专利文本挖掘本质是将文本挖掘技术应用于专利文本的过程。理论上来说，任何文本挖掘技术都可在专利中进行应用，而现实应用中以专利的自动分类、自动标引、主题聚类、主题关联、机器翻译居多。一些高级的专利分析工具常把文本挖掘与可视化结合，形成技术图谱，在揭示技术领域分布、技术发展趋势方面具有广泛的应用。

## （七）信息可视化

应用于专利的信息可视化方法主要有基于社会网络分析法的网络图，如科研合作网络、引证网络、共词网络、关联网络，以及和文本挖掘密切结合的技术主题图和技术热力图，用以揭示技术领域分布。

# 第二节　专利分析工具对比

国内外较为成熟且商品化的专利分析工具有几十种，分别实现了专利数据监测、采集、清洗、加工标引、统计、文本挖掘和信息可视化，主要的专利分析工具功能和特点见表6-1。依据这些工具可分析的数据源与分析功能，将其分为四类：专利采集加工工具、文本挖掘与可视化工具、专利检索分析工具、计算机辅助创新工具。

表 6-1 国内外 33 种专利分析工具比较

| 序号 | 产品名称 | 所属国家、机构 | 功能类型 | 分析数据源 | 主要功能 | | | | | 文本挖掘与可视化分析 | | | 结果呈现 | |
|---|---|---|---|---|---|---|---|---|---|---|---|---|---|---|
| | | | | | 数据监测 | 数据采集 | 数据清洗 | 数据加工 | 基本统计 | 共现分析 | 聚类分析 | 引证分析 | 可视化呈现 | 自动报告 |
| 1 | ItgMining | 中国 刘玉琴 | 专利采集加工 | 结构化、非结构化专利数据 | 有 | 有 | 有 | 有 | 有 | 有 | 无 | 有 | 列表、趋势图、饼图、柱形图、网络图 | 有 |
| 2 | PatentEx | 中国 保定大为 | 专利采集加工 | 结构化专利数据 | 无 | 有 | 有 | 有 | 有 | 无 | 无 | 有 | 列表、趋势图、饼图、柱形图 | 无 |
| 3 | HIT_恒库 | 中国 恒河顿 | 专利采集加工 | 结构化专利数据 | 无 | 有 | 有 | 有 | 有 | 无 | 无 | 有 | 列表、趋势图、饼图、柱形图 | 有 |
| 4 | BizSolution | 中国 北京彼速 | 专利采集加工 | 结构化专利数据 | 无 | 有 | 有 | 有 | 有 | 无 | 无 | 有 | 列表、趋势图、饼图、柱形图 | 无 |
| 5 | PatentGuider | 中国 台湾连颖科技 | 专利采集加工 | 结构化专利数据 | 有 | 有 | 有 | 有 | 有 | 无 | 无 | 有 | 列表、趋势图、饼图、柱形图 | 无 |
| 6 | 汉之光华专利情报分析系统 | 中国 汉之光华 | 专利采集加工 | 结构化专利数据 | 无 | 有 | 有 | 有 | 有 | 无 | 无 | 无 | 列表、趋势图、饼图、柱形图 | 无 |

续表

| 序号 | 产品名称 | 所属国家、机构 | 功能类型 | 分析数据源 | 主要功能 ||||| 文本挖掘与可视化分析 ||| 结果呈现 ||
|---|---|---|---|---|---|---|---|---|---|---|---|---|---|---|
| | | | | | 数据监测 | 数据采集 | 数据清洗 | 数据加工 | 基本统计 | 共现分析 | 聚类分析 | 引证分析 | 可视化呈现 | 自动报告 |
| 7 | PatentTech | 中国台湾连颖科技 | 专利采集加工 | 结构化专利数据 | 无 | 无 | 无 | 无 | 有 | 无 | 无 | 无 | 列表、趋势图、饼图、柱形图、矩阵 | 无 |
| 8 | Matheo Patent | 法国Matheo Software | 专利采集加工 | 结构化专利数据 | 无 | 有 | 有 | 有 | 无 | 无 | 无 | 无 | 矩阵、柱形图、饼图、网络图 | 有 |
| 9 | BizInt Smart Charts for Patents | 美国BizInt Solutions | 专利采集加工 | 结构化专利数据 | 无 | 无 | 有 | 无 | 有 | 无 | 无 | 无 | 表格 | 有 |
| 10 | ThinKlear | 韩国世界知识产权检索株氏会社 | 专利采集加工 | 结构化专利数据 | 无 | 无 | 有 | 有 | 有 | 无 | 无 | 无 | 列表、趋势图、饼图、柱形图 | 无 |
| 11 | ItgInsight | 中国刘玉琴 | 文本挖掘可视化 | 结构化、非结构化数据 | 无 | 无 | 无 | 无 | 有 | 有 | 有 | 有 | 网络图 | 有 |
| 12 | 高技术监测系统 | 中国北京理工大学朱东华 | 文本挖掘可视化 | 非结构化数据 | 无 | 无 | 无 | 无 | 有 | 无 | 有 | 无 | 网络图 | 有 |

续表

| 序号 | 产品名称 | 所属国家、机构 | 功能类型 | 分析数据源 | 主要功能 | | | | | 文本挖掘与可视化分析 | | | 结果呈现 | |
|---|---|---|---|---|---|---|---|---|---|---|---|---|---|---|
| | | | | | 数据监测 | 数据采集 | 数据清洗 | 数据加工 | 基本统计 | 共现分析 | 聚类分析 | 引证分析 | 可视化呈现 | 自动报告 |
| 13 | True-Teller | 日本野村研究所 | 文本挖掘可视化 | 非结构化数据 | 无 | 无 | 有 | 无 | 无 | 有 | 有 | 无 | 热力图、网络图 | 有 |
| 14 | Vantage-Point | 美国GIT技术政策与评估中心与智能信息服务公司 | 文本挖掘可视化 | 非结构化数据 | 无 | 无 | 有 | 有 | 有 | 有 | 有 | 无 | 矩阵、网络图 | 有 |
| 15 | ClearForest | 美国汤姆森·路透 | 文本挖掘可视化 | 结构化、非结构化数据 | 无 | 无 | 有 | 无 | 无 | 有 | 有 | 无 | 列表、矩阵、聚类图 | 无 |
| 16 | OminiViz | 英国Biowisdom | 文本挖掘可视化 | 结构化、非结构化数据 | 无 | 无 | 有 | 无 | 有 | 有 | 有 | 无 | 星系图、主题图 | 无 |
| 17 | TEMIS | 美国TEMIS | 文本挖掘可视化 | 结构化、非结构化数据 | 无 | 无 | 无 | 无 | 有 | 无 | 有 | 无 | 列表、聚类图 | 无 |

续表

| 序号 | 产品名称 | 所属国家、机构 | 功能类型 | 分析数据源 | 主要功能 ||||| 文本挖掘与可视化分析 ||| 结果呈现 ||
|---|---|---|---|---|---|---|---|---|---|---|---|---|---|---|
| | | | | | 数据监测 | 数据采集 | 数据清洗 | 数据加工 | 基本统计 | 共现分析 | 聚类分析 | 引证分析 | 可视化呈现 | 自动报告 |
| 18 | RefViz | 美国汤姆森·路透 | 文本挖掘可视化 | 结构化数据 | 无 | 无 | 有 | 无 | 有 | 有 | 有 | 无 | 星系图和矩阵 | 无 |
| 19 | STN AnaVist | 美国化学协会 | 文本挖掘可视化 | 结构化、非结构化数据 | 无 | 无 | 有 | 无 | 有 | 有 | 有 | 无 | 列表、景观图 | 无 |
| 20 | Thomson Data Analyzer | 美国汤姆森·路透 | 文本挖掘可视化 | 结构化、非结构化数据 | 无 | 无 | 有 | 有 | 有 | 有 | 有 | 无 | 列表、图表、矩阵、聚类图 | 有 |
| 21 | Vxinsight | 美国Sandia国家实验室 | 文本挖掘可视化 | 结构化、非结构化数据 | 无 | 无 | 无 | 无 | 无 | 无 | 有 | 无 | 聚类图 | 无 |
| 22 | Quosa | 美国Quosa | 文本挖掘可视化 | 结构化、非结构化数据 | 无 | 有 | 无 | 无 | 无 | 无 | 有 | 无 | 数据分组和注释 | 无 |
| 23 | Aureka | 美国汤姆森·路透 | 文本挖掘可视化 | 集成的结构化、非结构化专利数据 | 有 | 无 | 有 | 无 | 有 | 有 | 有 | 有 | 主题图、引文树、聚类图 | 有 |

续表

| 序号 | 产品名称 | 所属国家、机构 | 功能类型 | 分析数据源 | 主要功能 ||||| 文本挖掘与可视化分析 ||| 结果呈现 ||
|---|---|---|---|---|---|---|---|---|---|---|---|---|---|---|
| | | | | | 数据监测 | 数据采集 | 数据清洗 | 数据加工 | 基本统计 | 共现分析 | 聚类分析 | 引证分析 | 可视化呈现 | 自动报告 |
| 24 | 东方灵盾中外专利检索及战略分析平台 | 中国东方灵盾 | 专利检索分析 | 集成的结构化、非结构化专利数据 | 无 | 无 | 有 | 有 | 有 | 无 | 有 | 有 | 列表、趋势图、饼图、柱形图、聚类图 | 有 |
| 25 | Wisdomain | 美国Wisdomain | 专利检索分析 | 集成的结构化、非结构化专利数据 | 无 | 无 | 有 | 无 | 有 | 有 | 有 | 有 | 列表、图表、树图、引文图 | 无 |
| 26 | Delphion | 美国汤姆森路透 | 专利检索分析 | 集成的结构化、非结构化专利数据 | 有 | 无 | 有 | 无 | 有 | 无 | 有 | 有 | 列表、引文树、聚类图 | 无 |
| 27 | Innovation | 美国汤姆森路透 | 专利检索分析 | 集成的结构化、非结构化专利数据 | 有 | 无 | 有 | 有 | 有 | 有 | 有 | 有 | 聚类图、引证图、网络图 | 无 |
| 28 | Innography | 美国Dialog | 专利检索分析 | 集成的结构化、结构化专利、公司财务、法律诉讼 | 有 | 无 | 有 | 无 | 无 | 无 | 无 | 无 | 气泡图、组合图 | 无 |

## 第六章 专利分析工具对比

续表

| 序号 | 产品名称 | 所属国家、机构 | 功能类型 | 分析数据源 | 主要功能 | | | | | 文本挖掘与可视化分析 | | | 结果呈现 | |
|---|---|---|---|---|---|---|---|---|---|---|---|---|---|---|
| | | | | | 数据监测 | 数据采集 | 数据清洗 | 数据加工 | 基本统计 | 共现分析 | 聚类分析 | 引证分析 | 可视化呈现 | 自动报告 |
| 29 | TotalPatent | 美国LexisNexis | 专利检索分析 | 集成的结构化、非结构化专利数据 | 有 | 无 | 有 | 无 | 无 | 无 | 无 | 有 | 表、趋势图、饼图、柱形图 | 无 |
| 30 | QUESTEL ORBIT | 法国电信多媒体 | 专利检索分析 | 集成的结构化、非结构化专利数据 | 有 | 无 | 有 | 无 | 有 | 有 | 有 | 有 | 聚类图、引证图、网络图 | 无 |
| 31 | WIPS | 韩国世界知识产权检索株氏会社 | 专利检索分析 | 集成的结构化专利数据 | 有 | 无 | 有 | 无 | 有 | 无 | 无 | 有 | 列表、趋势图、饼图、柱形图 | 无 |
| 32 | Goldfire Innovator | 美国Invention Machine | 计算机辅助创新 | 集成的非结构化专利数据 | 无 | 无 | 有 | 无 | 有 | 无 | 无 | 有 | 分类图、趋势图 | 无 |
| 33 | Pro/Innovator | 中国亿维讯 | 计算机辅助创新 | 集成的非结构化专利数据 | 无 | 无 | 有 | 无 | 有 | 无 | 无 | 无 | 树形图、饼图、矩阵 | 无 |

## （一）专利采集加工工具

目前，在我国范围内应用最为广泛的专利采集加工工具，以北京理工大学知识发现与数据分析实验室的 ItgMining ❶，保定大为 PatentEx ❷，恒河顿 HIT_恒库 ❸，北京彼速 BizSolution ❹，台湾连颖科技 PatentGuider、PatentTech ❺、汉之光华专利情报分析系统，韩国世界知识产权检索株式会社的 ThinKlear ❻ 为代表。

（1）通过网络爬虫对各国专利局的专利进行采集、清洗和入库，提供专利的二次加工，如筛选、分类和标引等，可用以辅助进行深入的专利技术分析。这类软件可以从各个国家官方的网站获得最新、最全的专利数据，但是每个系统的单个专题数据库最大容量、二次数据加工的能力差别较大。

（2）分析数据源为采集专利的结构化部分，可从时间、地域、申请机构、发明人、法律状态等角度，进行不同维度的组合分析。除 ItgMining 具有少量的文本挖掘、可视化功能外，其他软件均缺少文本挖掘、信息可视化等深入的分析技术和手段，报表以简单的条形、柱形、饼形和线形图为主，少数有简单的专利引证图。

（3）价格较低，一般一次性收费 3 万~8 万元人民币不等。使用的用户数量大多有所限制，增加用户数量需要按照使用的计算机数量增加使用费用，但增加额度不高。

---

❶ 依格专利工程系列软件 [EB/OL]. (2012-01-01). http://blog.sciencenet.cn/home.php?mod=space&uid=394038&do=blog&id=510333.

❷ PatentEX 专利信息创新平台 [EB/OL]. (2012-01-01). http://www.daweisoft.com/Production/Demo/PatentEX.htm.

❸ HIT_恒库 [EB/OL]. (2012-01-01). http://www.all-patent.com/product/hit/hit-2.html.

❹ BizSolution [EB/OL]. (2012-01-01). http://www.bizsolution.com.cn/Product/PatentSearch.aspx.

❺ PatentTech [EB/OL]. (2012-01-01). http://www.csip.org.cn/col/ipzszx/2008/5/9/08590HDKDJK538DI7FJC1.html.

❻ ThinKlear for Clear and Smart Analysis [EB/OL]. (2012-01-01). http://www.wipsglobal.com/WG_Search/Main_content/ThinKlear/tk_01.asp.

（4）适合我国现阶段知识产权的发展需求，在国内用户群体广泛，多为知识产权中介服务机构和少数中小企业。

## （二）文本挖掘与可视化工具

这类工具主要来源于欧、美、日等国，在我国高校和科研院所内应用广泛，以日本野村研究所的 True-Teller ❶，英国 Biowisdom 公司的 OminiViz ❷，美国汤姆森·路透的 ClearForest、RefViz、Thomson Data Analyzer ❸，化学协会的 STN AnaVist ❹，Sandia 国家实验室的 Vxinsight ❺ 为代表。国内同类工具有北京理工大学知识管理与数据分析实验室团队开发的科技文本可视化挖掘系统 ItgInsight ❻。相比同类国外软件，其用户群体非常有限。这类软件工具的主要有以下特点。

（1）分析数据源为结构化、非结构化文本数据。结构化数据包括时间、地域、机构和作者等，可从不同维度进行组合分析。非结构化数据主要是指大段的文本数据，如专利的摘要、权利和专利原文等，采用自然语言理解、文本挖掘、信息可视化技术进行非结构化信息的分析与结果呈现。

（2）分析的技术先进，融合了文本挖掘、信息可视化等技术；表现形式规整美观，以网络图、聚类图为主。分析对象不限于专利数据，任何文本数据，只要符合软件的输入标准，即可进行分析。

---

❶ True-Teller [EB/OL]. (2012-01-01). http://www.trueteller.net/textmining/patent/.
❷ BioWisdom.OminiViz [EB/OL].(2012.1.1). http://www.biowisdom.com/content/omniviz.
❸ Thomson Data Analyzer [EB/OL].(2012.1.1). http://science.thomsonreuters.com.cn/productsservices/TDA/.
❹ STN AnaVist [EB/OL].(2012.1.1). http://www.cas.org/products/anavist/index.html.
❺ DAVIDSON G S, HENDRICKSON B, JOHNSON D K, et al. Knowledge mining with VxInsight: Discovery through interaction [J]. Journal of Intelligent Information Systems，1998，11(3)：259-285.
❻ tgInsight [EB/OL]. (2012-01-01). http://blog.sciencenet.cn/home.php?mod=space&uid=394038&do=blog&id=494512.

（3）价格普遍较高，一般按年收费，价格从几万到上百万元人民币不等。有一部分产品由于美国的对华技术出口限制，禁止在我国境内销售。例如，日本野村研究所 True-Teller，只能提供分析服务，不能提供软件产品，而一次分析服务的价格在十万元人民币以上。

（4）用户群多为高校与科研院所的研究人员，且以科技论文分析居多，在专利分析领域的应用并不广泛。

（5）国内这类软件工具，特别是产品化相对成熟的非常少。

## （三）专利检索分析工具

这类工具主要在欧美日及亚洲国家范围内应用，产品提供者以欧美为主。典型代表有科睿唯安的 Innovaton ❶、Aureka ❷、Delphion ❸，美国 LexisNexis 的 TotalPatent ❹，法国电信多媒体公司的 Questel Orbit ❺，韩国世界知识产权检索株式会社的 WIPS ❻。其主要有以下特点。

（1）集成海量专利数据资源，并对这些数据进行了规范。用户登录平台可以检索世界范围内绝大多数国家的专利，而且由于部分数据经过加工，增强了检索的准确性。

（2）拥有先进的数据检索、文本挖掘、信息可视化技术，以数据检索为主要功能，以数据分析为辅。

---

❶ 汤姆森开发新的知识产权分析工具 Thomson Innovation[J]. 现代图书情报技术，2008（5）：101.
❷ 陈燕，邓鹏，李芳.AUREKA 信息平台介绍 [J]. 中国发明与专利，2007（5）：63-65.
❸ 徐勇. Delphion 知识产权网站专利信息检索 [J]. 现代图书情报技术，2001（5）：46-47.
❹ LexisNexis [EB/OL]. (2012-01-01). http://www.lexisnexis.com/en-us/products/total-patent.page.
❺ QUESTEL [EB/OL]. (2012-01-01). http://www.questel.orbit.com/.
❻ 赵旭，唐恒. 中外四大专利分析软件的功能概述及综合比较 [J]. 图书情报研究，2010，3（4）：50-54.

（3）缺乏根据用户需求对数据进行二次加工的功能，不能存储用户的数据。使用期限到时，用户数据无法保留，增加数据管理的风险。同时，这类工具价格高昂，尤其是欧美的产品，一般按年收取服务费。数据越丰富、检索功能越强大，价格越高。

（4）用户以高校、科研院所和拥有较高研发能力的大型企业为主。

（5）国内除国家知识产权局拥有官方的专利检索平台外，还存在少量商业化的检索分析工具。但同欧美同类工具相比，国内该类工具数据基础、检索分析技术和用户普及程度差距较大。

## （四）计算机辅助创新工具

在国内应用比较广泛的计算机辅助创新工具，有美国 Invention Machine 公司的 Goldfire Innovator❶和中国北京亿维讯科技有限公司的 Pro/Innovator❷。其主要有以下特点。

（1）基于发明问题解决理论选取解决典型技术问题的专利进行加工，提炼出解决问题的方法。采用类比方式将该方法应用到其他类似技术问题中，即实践、理论、再实践的转化过程。

（2）以解决微观技术问题为目的，在管理、决策支持方面的应用有限。

---

❶ The Goldfire Innovator Solution [EB/OL]. (2012-01-01). http://www.randit.com/allegati/trizsixsigma/tecnologie/brochure%20eng%20randit2.pdf.

❷ Pro/Innovator [EB/OL]. (2012-01-01). http://www.iwint.com.cn/ch/index.html.

# 第三节　国内专利分析工具问题分析

## （一）国外相关技术与产品的对华出口限制问题

尽管欧美已在专利深度挖掘方面取得了一定的进展，并开发设计了一些相关的软件工具，然而由于种种原因，其中许多工具属于美国限制出口的技术和软件，尚不许我国进口。例如，美国 Sandia 国家实验室的 VxInsight 被禁止在华销售；以及应用了美国核心文本挖掘技术的日本专利组合分析工具 True-Teller，被限制在美国盟国范围内使用等。这从侧面反映了专利智能挖掘技术的重要性。同时，也应因此认识到开展我国自主的挖掘算法和挖掘工具研究是必要的。

## （二）国外相关技术的知识产权壁垒问题

在海量信息挖掘与可视化方面，欧美企业与研发机构为了自身的商业利益，将其研究成果申报专利，用以束缚其他企业和机构使用同类技术。如在引证分析上，美国 INXIGHT 软件公司的专利 US6300957，将引证关系双曲树可视化表示申请了专利。在语义分析上，IBM 公司的专利 US6006223 将基于语义的专利技术趋势挖掘方法申请了专利。这种以专利保护海量信息挖掘与可视化技术及其在科技情报分析领域中应用的趋势，在日本、韩国也有所显露。随着国外企业对华市场重视程度的加强，其知识产权保护的触角已经开始向国内延伸。

## （三）国外相关服务的价格问题

在信息服务方面，国外一些信息情报服务企业凭借其丰富的数据资源和领先的行业经验，在为国内相关企业提供信息服务时，往往开出较高的价格。如科睿唯安的 Innovation 单个账户的每年使用费为十几万元人民币，Dialog 的 Innography 单个账户的每年使用费也在十万元人民币以上，True-Teller 的一次分析服务就高达十万元人民币。开发我国自主的挖掘算法和分析工具，对于有效抑制国外相关服务价格具有重要意义。

## （四）国内产品技术水平不高的问题

国内一些软件企业研发和设计了各种专利分析工具，如大为软件的 PatentEx、东方灵盾的专利检索与分析平台。这些软件平台以数据采集、数据管理见长，但深入的文本挖掘与可视化技术基本没有，数据分析的能力较弱，并且缺少完备的专利数据支撑。这使其产品同国外同类产品的技术水平相差较大，销售范围有限，有些甚至没有在市场上销售。

针对以上国内外专利分析工具的比较与问题探讨，提出以下国内专利分析工具应用发展方面的建议。

（1）基于开源软件进行高水平专利分析工具的自主研发。在有效规避知识产权问题的条件下，利用开源软件的技术优势和技术开放特征，进行融合文本挖掘和信息可视化技术的高水平专利分析工具的研发，进而缩短研发周期。

（2）促进专利信息加工和专利分析流程的标准化推广。建立专利信息二次加工标引的规范，促进专利分析的流程化、标准化，进而促进国内专利分析工具数据格式与功能模块的标准化，提高不同工具间数据的兼容性。

（3）加强科研院所与中小企业间合作。一方面，将科研院所拥有的专利资源和专利分析平台一定程度地向国内中小企业开放，实现资源共享；另一方面，将企业专利分析的需求向高校或科研院所进行转接，更好地发挥科研院所的专利资源和专利分析优势。

（4）加强专利资源共享，建立专利资源与专利分析的共享服务平台与服务机制。结合国家的科技发展战略，由科技主管部门组织建设行业专利信息服务平台，共享专利资源和专利分析技术。

# 第七章　ItgInsight 文本挖掘与可视化软件

## 第一节　ItgInsight 系统简介

随着信息技术的飞速发展，文本挖掘、信息可视化技术已被广泛应用到科技情报分析领域，众多分析工具应运而生。这些软件工具从不同角度分别实现科研合著关系、同现关系、引证关系、关联关系的挖掘与可视化。如商业化的情报分析工具 Thomson Data Analyzer❶、Vantage Point❷、VxInsight❸、True-Teller❹，免费开放的 Citespace❺，VosViewer❻等。但是，这些软件工具多是国外

---

❶ Thomson Data Analyzer [EB/OL]. [2014-12-12]. http∶//www.thomsonscientific.com.cn/media/tda.Pdf.
❷ Vantage-Point [EB/OL]. [2014-12-12]. http∶//thevantagepoint.com/.
❸ VxInsight [EB/OL]. [2014-12-11]. http∶//iv.slis.indiana.edu/lm/lm-vx-insight.html.
❹ True-Teller [EB/OL]. [2014-12-01]. http∶//www.trueteller.net/textmining/patent/.
❺ CHEN C. CiteSpace Ⅱ∶Detecting and Visualizing Emerging Trends and Transient Patterns in Scientific Literature [J]. Journal of the American Society for Information Science and Technology，2006，57（3）：359-377.
❻ VOSviewer [EB/OL]. [2014-12-30]. http∶//www.vosviewer.com.

企业或研究机构设计开发的，对中文文本的处理能力有限。同时，商业化软件工具价格较高、部分产品有美国的出口限制和知识产权壁垒[1]；而免费开放的软件工具在功能上较商业软件差距明显，且操作方式及其专业化，增加了普通用户的使用难度。还有一些单纯进行可视化展示的免费工具，如 UCINET❶、Pajek❷ 等，由于缺乏对文本数据的处理能力，在情报分析中的应用仍是有限的。

通用科技文本可视化挖掘系统，英文缩写为 ItgInsight（Intelligent Insight），资源下载地址 www.ItgInsight.com。该软件是一款高级的科技文本挖掘与可视化分析工具，主要针对科技文本，如专利、论文、报告和报刊等进行可视化的分析与挖掘，也可应用于微博、微信等互联网文本数据可视化。可视化挖掘方法有合作关系可视化、同现关系可视化、耦合关系可视化、关联关系可视化、引证关系可视化、演化分析可视化，可视化输出包括网络图、热力图、密度图、世界地图、矩阵图、演化图和聚类图。该工具增强了对大规模数据的处理，将聚类分析、技术热力图、技术地形图和技术气象图整合到系统中。

用户可应用该工具对 SCI、CNKI、万方论文数据、德温特专利、美国专利、中国专利、欧洲专利进行可视化挖掘，进而开展学术评价、技术监测、技术机会分析、竞争态势分析等科研管理与情报分析任务。同时，该工具也是一款综合的情报分析平台，提供除文本挖掘和可视化分析以外的基本维度统计、Excel 报表、Word 智能报告、PPT 可视化输出等辅助功能。

该系统支持用户自定义格式的任何文本数据、图形数据，并提供与情报分析工具 Vosviewer、复杂网络工具 Pajek、Ucinet 的数据接口和使用接口。

ItgInsight 应用流程框架图有功能框架图如图 7-1 和图 7-2 所示。

---

❶ UCINET [EB/OL]. [2014-12-12]. http：//www.analytictech.com/ucinet/.

❷ Pajek [EB/OL]. [2014-12-12]. http：//vlado.fmf.uni-lj.si/pub/networks/pajek/.

第七章 ItgInsight 文本挖掘与可视化软件

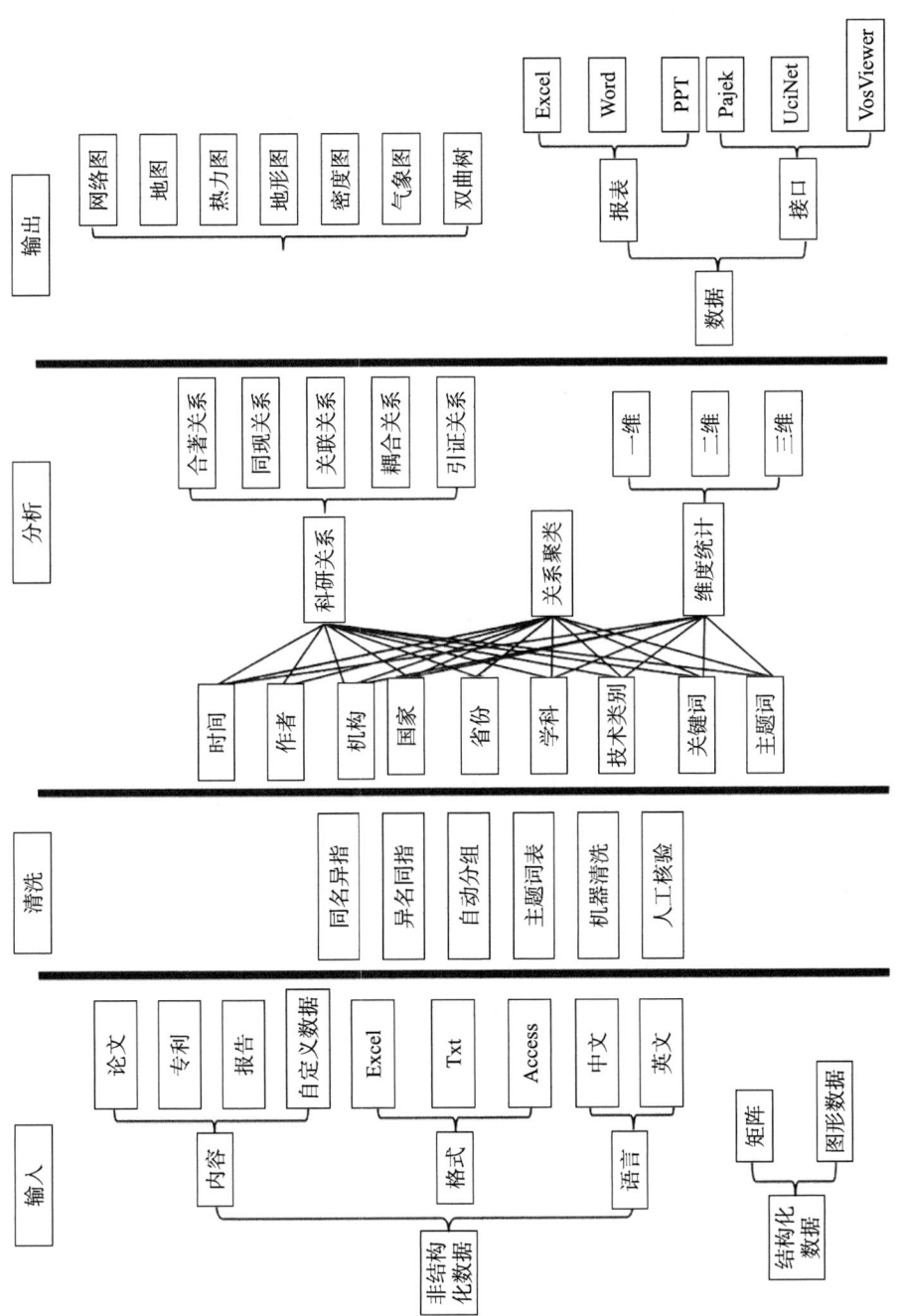

图 7-1 ItgInsight 应用流程框架图

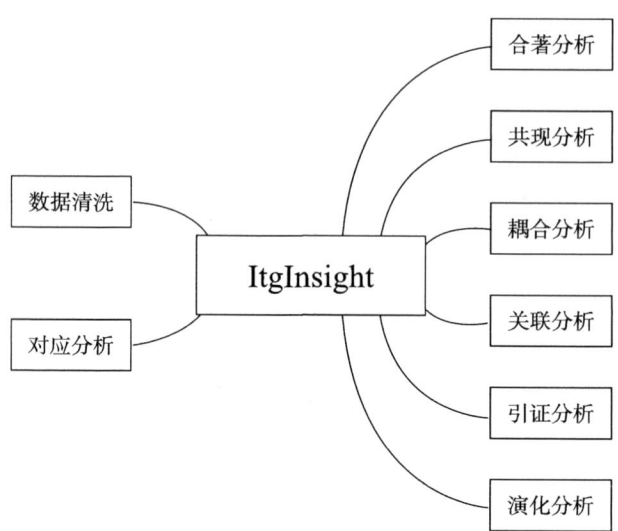

图 7-2 ItgInsight 功能框架图

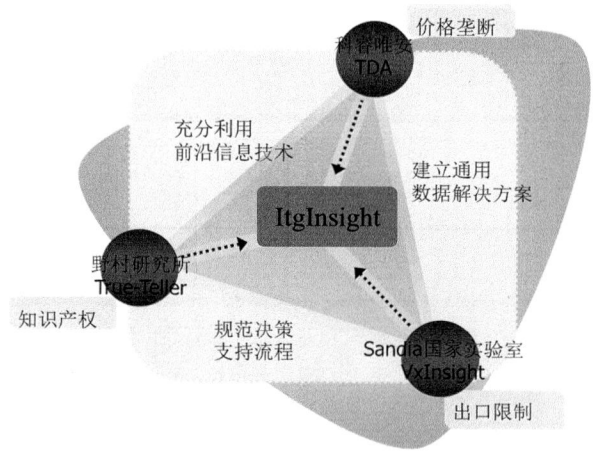

图 7-3 ItgInsight 对标的国际同类产品

对标的国际产品与 ItgInsight 的技术优势：国内无同类产品，国外加拿大科睿唯安 TDA（现改名为 DDA）、日本野村研究所的 True-Teller、美国 Sandia 国家实验室的 VxInsight 与 ItgInsight 具有相似的功能。相比国外产品，ItgInsight 在术语识别、中文支持、数据处理数量，以及可视化展示的美观程度上具有显著的技术优势，如上页图 7-3 所示。

ItgInsight 采用单机版的形式，编程语言为 C#+WPF。系统主界面包括菜单栏显示区、工具栏显示区、可视化结果显示区，如图 7-4 所示。

菜单栏包括文件（存储或读取可视化图形文件），数据（指定科技文本数据源、设定数据清洗和挖掘相关参数、进行统计分析和文本挖掘、保存挖掘结果为单独的文件），分析（进行科研合著关系、同现关系、耦合关系、主体关联关系、引证关系的构建并可视化输出），布局（选择可视化布局算法），聚类（对可视化图形节点进行聚类），选项（系统相关参数设置、图形输出样式设置），字典（指定文本挖掘过程中应用的主题词表、停用词表、人名词典、公司词典、地名词典），工具，语言（切换中、英文操作）和帮助 10 个菜单项。

工具栏又分为快捷操作工具栏和图形缩放操作工具栏。快捷操作工具栏包括打开可视化文件、保存可视化文件、初始化可视化结果、优化可视化结果、停止优化、可视化节点查找、彩色背景、黑白背景、热力图背景、图形复原、样式设定、显示或隐藏缩放工具栏、切换节点和连线选择、截图、保存为演示文稿、输出 Excel 数据表、输出 Word 报表、帮助和退出。缩放操作工具栏用于进行可视化图形的平移、缩放，节点、连线、文字的大小、宽度调整，关联关系阈值的设定。

可视化结果显示区用于对各种分析结果进行可视化输出，该区域占据了主页面的大部分。其左右两侧分别为可视化结果中的节点列表和基本的维度统计结果。

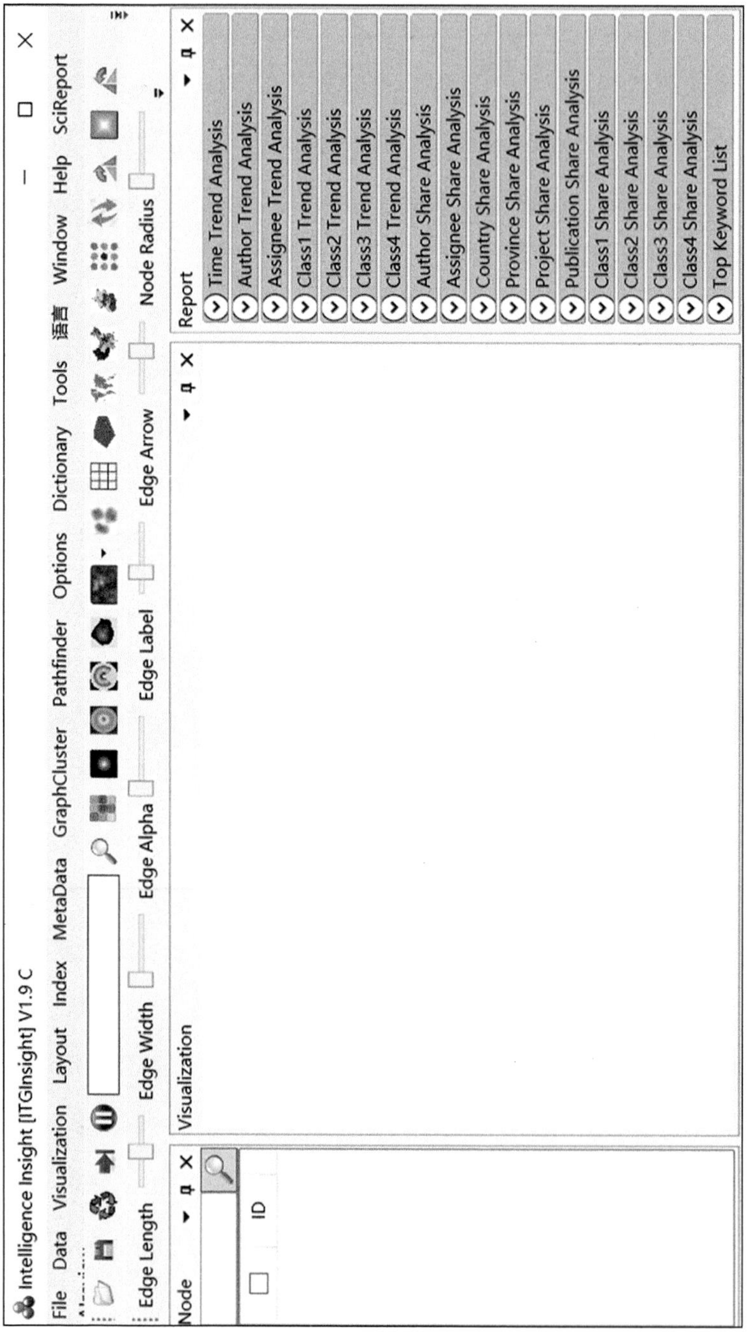

图 7-4  ItgInsight 主页面

## 第二节　ItgInsight 关键技术

### （一）段映射与数据清洗

为了提高工具对各种数据源的处理能力，采用两种特殊的处理方式：一是建立数据过滤器，过滤器中存储了有关数据源结构特征的信息。例如，针对德温特专利、Inoogaphy 专利的过滤器设计，如图 7-5 所示。

数据过滤器实际是外部数据源字段信息与软件嵌入字段信息的字段映射关系。当对数据进行清洗和关系计算时，系统根据映射关系进行相应字段的提取，并调用数据清洗器进行数据清洗。其中，Class1 和 Class2 针对专利数据用来映射国际专利分类号和美国专利分类号（或欧洲专利分类号）；针对论文数据用来映射论文的主题或学科，具体映射关系根据数据特征和分析需求进行调整。

第二种方式是建立通用数据清洗器和专用数据清洗器。通用数据清洗器处理的数据具有这样的特征，即同一个字段中存储的文献属性相同，且采用相同的分隔符进行分割。比如，CNKI 论文数据的"Author-作者"字段存储的都是作者信息，用"；"进行多个作者的分割。专用数据清洗器处理的数据往往在同一字段中存储多种文献属性。例如，SCI 论文的"C1"字段既有机构信息，又有国家信息。

### （二）可视化空间含义映射

对于构建的各种科研关系，采用基于复杂网络算法的网络图进行科研关系的可视化表示。为此，设计可视化空间含义映射，见表 7-1。

```xml
<?xml version="1.0" encoding="utf-8"?>
<Config>
    <FieldMap>
        <Source>Derwent</Source>
        <ID>UT</ID>
        <Keyword></Keyword>
        <Abstract>AB</Abstract>
        <Authors>AU</Authors>
        <Affiliation>AE</Affiliation>
        <Class1>DC</Class1>
        <Class2>MC</Class2>
        <Class3></Class3>
        <Class4></Class4>
        <Countries>AD</Countries>
        <Provinces></Provinces>
        <Founders></Founders>
        <Publication>PI</Publication>
        <Description></Description>
        <Reference></Reference>
        <ReferencedBy></ReferencedBy>
        <Time>PI</Time>
        <Title>TI</Title>
        <Number1>TC</Number1>
        <Number2>CR</Number2>
        <Number3></Number3>
    </FieldMap>
</Config>
```

```xml
<?xml version="1.0" encoding="utf-8"?>
<Config>
    <FieldMap>
        <Source>Innograpgy</Source>
        <ID>Family ID</ID>
        <Keyword></Keyword>
        <Abstract>Abstract</Abstract>
        <Authors>Inventors</Authors>
        <Affiliation>Normalized Assignee</Affiliation>
        <Class1>All IP Classifications</Class1>
        <Class2>All US Classifications</Class2>
        <Class3></Class3>
        <Class4></Class4>
        <Countries>Publication Country</Countries>
        <Provinces></Provinces>
        <Founders></Founders>
        <Publication></Publication>
        <Description></Description>
        <Reference>Citations</Reference>
        <ReferencedBy>Backward Citations</ReferencedBy>
        <Time>Priority Date</Time>
        <Title>Title</Title>
        <Number1>Number of Backward Citations</Number1>
        <Number2></Number2>
        <Number3></Number3>
    </FieldMap>
</Config>
```

图 7-5 德温特专利、Inoography 专利的过滤器内容设置

表 7-1  基于复杂网络的科研关系可视化空间含义映射

| 学术关系 | 可视化空间含义映射 | | | | | | |
| --- | --- | --- | --- | --- | --- | --- | --- |
| | 节点大小 | 节点形状 | 节点颜色 | 节点文字 | 连线粗细 | 连线方向 | 连线文字 |
| 合著关系 | 与文献数量多少成正比 | 无意义 | 红、绿、黄色分别表示署名第一、第二、第三及以后的文献数量 | 科研主体名称及其研究重点关键词 | 与合著数量成正比 | 无意义 | 合著文献数量 |
| 同现关系 | 与出现频数成正比 | 无意义 | 无意义 | 关键词、主题、学科、技术类别 | 与同现数量成正比 | 无意义 | 同现数量 |
| 耦合关系 | 与文献数量多少成正比 | 无意义 | 与合著关系相同或无意义 | 与合著关系相同 | 与耦合数量成正比 | 无意义 | 耦合数量 |
| 主体年代引证关系 | 同上 | 无意义 | 同上 | 同上 | 与被引用数量成正比 | 与引用方向相同 | 被引用数量 |
| 主体关联关系 | 同上 | 无意义 | 同上 | 同上 | 与关联强度成正比 | 无意义 | 关联强度数值 |
| 主体与内容关联关系 | 同上 | 圆形表示科研主体，矩形表示科研内容，如关键词、主题、学科、技术类别等 | 无意义 | 科研主体名称，关键词、主题、学科、技术类别 | 与关联强度成正比 | 无意义 | 关联强度数值 |

## （三）复杂网络布局算法与优化

设计复杂网络布局算法实现的技术框架，以 C# 计算机编程语言的接口类 Layout、抽象类 AbstractLayout 规范算法的通用功能函数，以四个实现类具体编程实现四个典型的复杂网络布局算法：弹性模型 Spring-Embedded Model 算法❶，改进弹性模型 Fruchterman-Reingoldlayout 算法❷，改进弹性模型 Kamada-Kawai layout 算法❸，改进多维标度 VOS Mapping 算法。技术框架如图 7-6 所示。

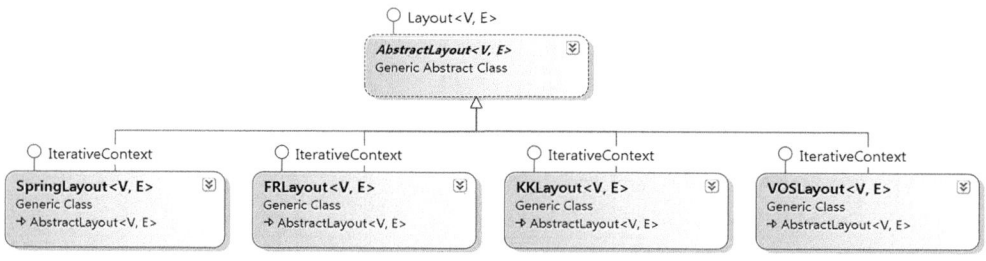

图 7-6　复杂网络布局算法框架

在实现各种算法的同时，为了使各种算法与构建的科研关系具有较好的拟合性，做两种优化方式。

**优化方式 1**：对 Spring-Embedded Model 和 Fruchterman-Reingold Layout 算法做优化。由于两种算法是对物理学中弹簧系统的模拟，以弹簧间引力和斥力的平衡来促使整个网络系统的稳定。因此，预先设定一个阈值，只有那些连接

---

❶　EADES P. A heuristic for graph drawing[J]. Congressus Nutnerantiunt，1984，42（11）：149-160.

❷　FRUCHTERMAN T M J，REINGOLD E M. Graph Drawing by Force Directed Placement[J]. Software Practice and Experience，1991，21（11）：1129-1164.

❸　KAMADA T，KAWAI S. An Algorithm for Drawing General Undirected Graphs[J]. Information Processing Letters，1989，31（1）：7-15.

线所代表的数量超过指定阈值时,才计算连接线两端节点的引力。低于这个阈值的连接线不显示,也不计算其两端节点的引力。这样改进的益处:用户随时调节阈值,把那些明显的网络关系凸显出来,同时又能减少计算机的运算量。

这种改进方案是基于这样考虑设计的:在对科研关系进行可视化表示时,因数据多少、领域差异和用户偏好的不同,用户对科研关系强度的主观判断标准会有所差异,需要提供给用户对构建结果,进行即时调整的功能。

**优化方案 2**:实现各种算法的叠加,以使网络图更加简洁美观。也就是说,对网络节点进行随机布局后,选择任意算法进行网络图优化。在优化过程中,用户随时选择另外一种算法进行切换,继续图形优化。这样改进的益处:对于一个网络图在现有任一算法下都无法得到满意的可视化结果时,应用算法叠加,使可视化结果更加简洁,易于理解,扩大算法的适用范围。

## (四)可视化图形样式与渲染

系统仍然提供给用户丰富的可视化图形样式切换接口。图 7-7 为可视化图形样式切换的控制面板,提供了 16 种样式切换控制:单色球形节点,多色球形节点,矩形节点,文本框节点,球形和矩形混合节点,节点大小与数量是否成比例,突出显示被选中节点是否区分连线方向、是否区分连线粗细,突出显示被选中连线是否显示连线文字并且文字大小一致,是否显示连线,文字并且文字大小与连线数量成正比,是否显示节点文字并且文字大小一致,是否显示节点文字并且文字大小与节点数量成正比,是否显示节点所代表的数量,以及是否显示节点备注信息及备注类型。

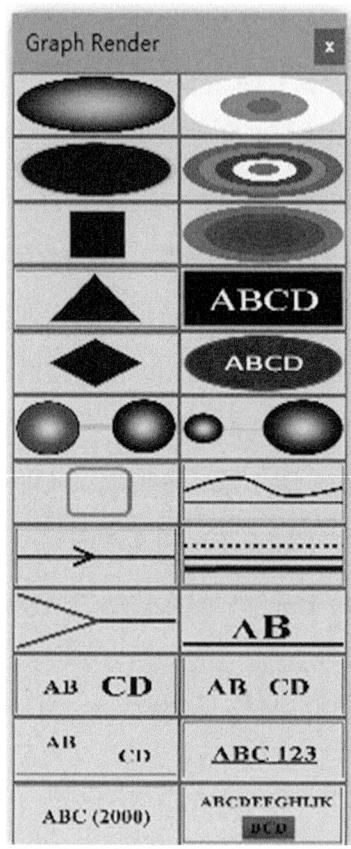

图 7-7 图形样式控制面板

为了实现以上图形样式的切换操作,采用微软.NET Framework 3.0 绘图技术开发框架 Windows Presentation Foundation(WPF)进行,分别进行节点、节点文字、连线和连线文字的图形渲染,设计相应的渲染接口和渲染实现类,如图 7-8 所示。

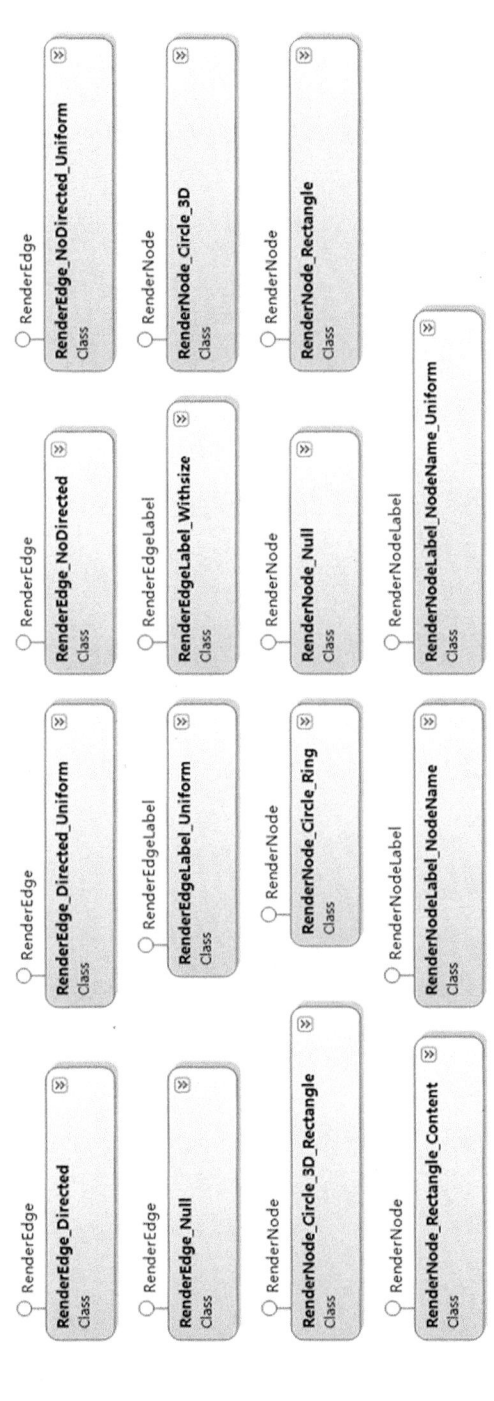

图 7-8　图形渲染接口与实施类

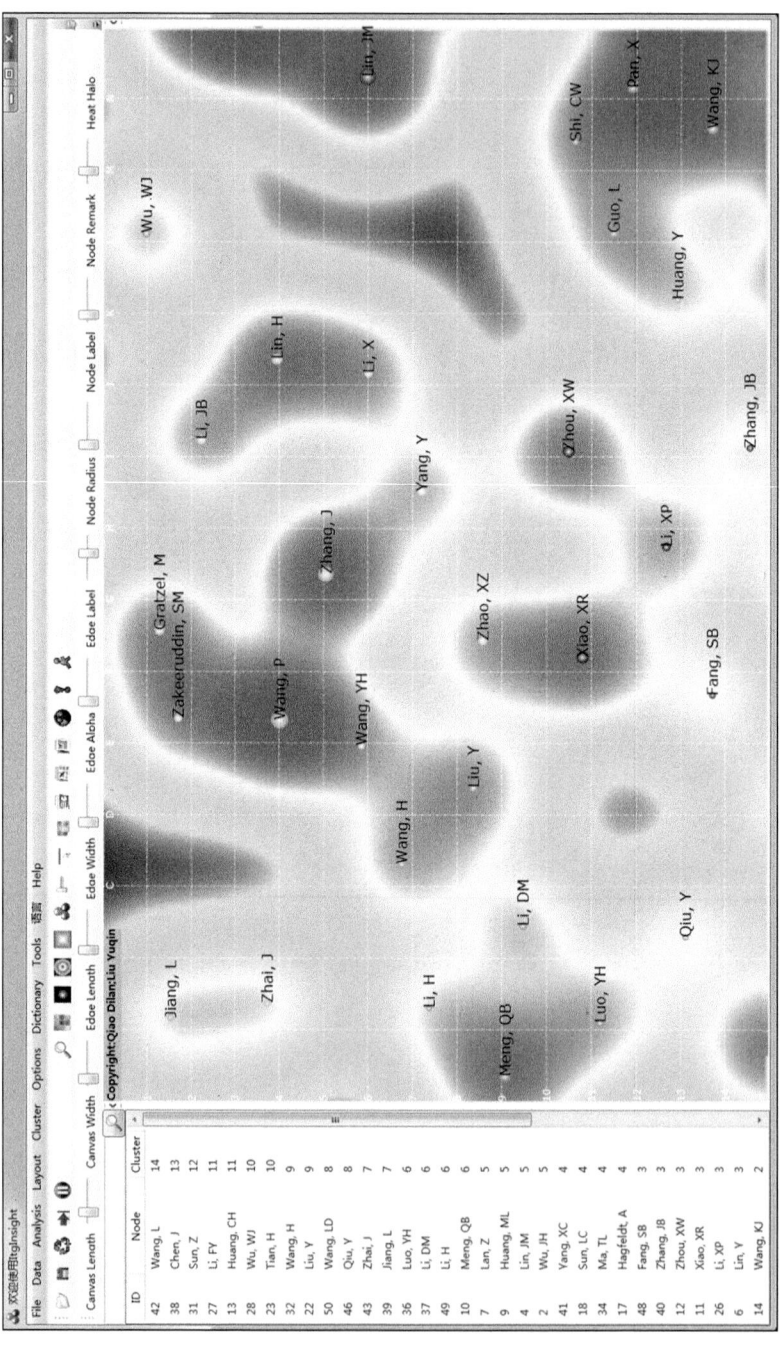

图 7-9 聚类与热力图可视化

## （五）聚类与热力图可视化

当构建的科研关系网络图规模较大，不易对网络图内容和结构进行识别和理解时，系统综合了情报分析工具 VOSViewer 的聚类算法和热力图可视化技术❶，对科研关系进行二次聚类，按照聚类结果对科研关系进行归类。聚类和热力图的表示形式如图 7-9 所示。图中左侧显示节点名称与节点所属的类别号，可视化图形区用颜色深浅表示节点数量，节点间的距离长度表示节点间关系强弱。

## （六）人机交互接口操作

为方便用户对可视化图形进行个性化的修改，增强可视化结果的可阅读性和可理解性，设计可视化结果的人机交互接口操作，见表 7-2。

表 7-2　可视化结果人机交互接口操作表

| 操作类型 | 操作内容 | 操作方式 |
| --- | --- | --- |
| 图形整体 | 图形缩放 | 通过图形缩放按钮或鼠标滚轮，更改可视化图形大小 |
| | 图形平移 | 通过鼠标左键拖动并按下 SHIFT 键，实现图形平移 |
| | 图形背景 | 通过菜单栏的系统颜色对话框，更改图形颜色 |
| | 图形保存 | 通过类的序列化，保存图形 |
| | 图形样式 | 通过图形样式菜单，切换图形显示样式 |
| 节点操作 | 节点缩放 | 通过节点缩放按钮，更改节点大小 |
| | 节点颜色 | 通过节点颜色按钮，更改节点颜色 |
| | 节点文字大小 | 通过节点文字大小按钮，更改节点文字大小 |
| | 节点备注大小 | 通过节点备注大小按钮，更改节点备注文字大小 |
| | 节点平移 | 通过鼠标拖动并按下左键，对优化过程中的图形节点进行位置移动 |

---

❶ VAN ECK N J, WALTMAN, L. Software survey：VOSviewer, a computer program for bibliometric mapping[J]. Scientometrics，2010，84（2），523-538.

续表

| 操作类型 | 操作内容 | 操作方式 |
|---|---|---|
| 连线操作 | 连线粗细缩放 | 通过连接线粗细按钮，更改连接线粗细 |
| | 连线颜色 | 通过连接线颜色按钮，更改连接线颜色 |
| | 连线文字大小 | 通过连接线文字大小按钮，更改连接线文字大小 |
| | 连线阈值 | 通过阈值大小按钮，更改连接线显示阈值 |

# 第三节 ItgInsight 下载与安装

ItgInsight 下载地址：http://cn.itginsight.com/download/，ItgInsight 绿色版不需要安装，解压缩后直接找到 .exe 文件即可运行。非绿色版安装，点击安装文件夹下的 setup.exe，按提示进行安装。一般情况下，系统需要同时进行本地注册和网络注册。但是，如果软件能够正常启动，说明本地注册已完成，只需要网络注册。商业用户一般都不需要本地注册。

## （一）本地注册方法

（1）运行软件安装目录下子目录 hid 中的 HID.exe 文件，得到计算机的序列号。

（2）将"机器码"连同"机构""用户""邮箱"等信息一起发送到客服邮箱。

（3）客服在收到注册信息并通过验证后，会发具有时间限制的授权文件到用户邮箱，时间限制一般为"一个月"。如要延长时间，须另外说明。未进行本地注册的用户在使用时，会定时弹出"授权警告"窗口。

（4）软件技术支持 QQ 群：908179419，www.itginsight.com 会发布通用的本地注册文件。该授权不与计算机硬件绑定，任何用户均可进行本地注册。

## （二）网络注册方法

（1）完成本地注册。

（2）运行软件，点击 help → register，将"机器码"连同"机构""用户""邮箱"等信息一起发送到客服邮箱。

（3）由客服完成网络注册。未进行网络注册的用户，系统会在5分钟自动退出。

## （三）在线升级

点击"help/ 帮助"→"update/ 更新"，在联网的环境下，系统会自动检查软件版本，进行系统升级。在升级过程中，确保 ItgInsight 处于关闭状态。

# 第四节　ItgInsight 数据分析与可视化

## （一）数据格式转换 / 读取文献数据生成 itgn 文件

应用 ItgInsight 进行数据分析，首要的工作便是将文献数据转化为 ItgInsight 的数据格式，并应用数据转化功能进行数据的分析。点击菜单栏上的"Data/ 数据→ Analysis/ 分析"，弹出数据转化页面，如图 7-10 所示。

"Data 数据"标签下的"File/ 文件"处，点击 ⋯ ，弹出数据导航对话框，选择数据来源。系统支持由 CNKI 下载的中文核心期刊数据，参考安装目录下的 example_data_cnki. txt；由 Web Of Science 下载的 SCI 论文数据和德温特专利数据，参考安装目录下的 example_data_wos. txt；由专利分析软件 ITGMining

导出的专利数据，参考安装目录下的 example_data_itgmining.xls 或 example_data_itgmining.accdb 等样例数据。数据文件可以是 Excel03、Excel07 及以上格式，Access03、Access07 及以上格式，txt 格式。同时，数据文件也可以是 docapadter 格式，该格式是由 ItgInsight 生成的数据文件。

图 7-10　ItgInsight 数据转化页面

在"Filter/ 过滤器"处，点击[...]，弹出过滤器选择导航对话框，选择过滤器。比如，当数据是由 ITGMining 导出的，那么过滤器就选择 filter-ITGMining。这样系统就知道数据来源，从而采用对应的数据处理规则。如果是 SCI 数据，过滤器就选择为 filter-wos，以此类推。

在"Segment/ 分隔符"一栏填写分隔符号，系统默认为"；"。如果有多个分隔符，同时在该处填写。

当被分析对象的一个记录中含有多个记录，如"作者"，在数据库中一条记录有多个作者，并且用"；"分隔。在分析时，系统就会依据"；"分隔符，把所有作者识别出来。

当选择的数据为文本 txt 格式时，"Encoder/ 编码"一栏将会发挥作用，系统根据编码内容进行文本的解析。如果 Encoder 的设置与数据 txt 的真实编码不一致，系统就会无法正确分析文本内容。"Encoder/ 编码"的设置可以下拉选择，也可以手工输入。

"Save/ 保存"一栏，点击[...]，填写文件保存的路径和文件名。系统默认 itgn 为文件后缀，该文件是用以进行可视化分析的项目文件。

在"Statistic/ 统计"标签下，选择统计分析的维度。一维统计为必选项，二维统计、三维统计为可选项。当选择后面的关联分析后，二维统计自动成为必选项；当选择二维统计、三维统计后，分析的时间会有所增加。

在"Analysis/ 分析"标签选择要进行的分析内容，"Coauthor/ 合著分析""Cooccurrence/ 同现分析 /""Correlation/ 关联分析""Correspondence/ 对应分析""Reference / 引证分析"等，可多选。

在"Time/ 时间"标签下，设定被分析数据的起止时间。

在"How many/ 多少项"标签下,输入将要分析的机构、作者、国家、类别、期刊、关键词、摘要词数目,分析数目按照数量多少排序。

切换到 Dictionary 标签,见图 7-11。

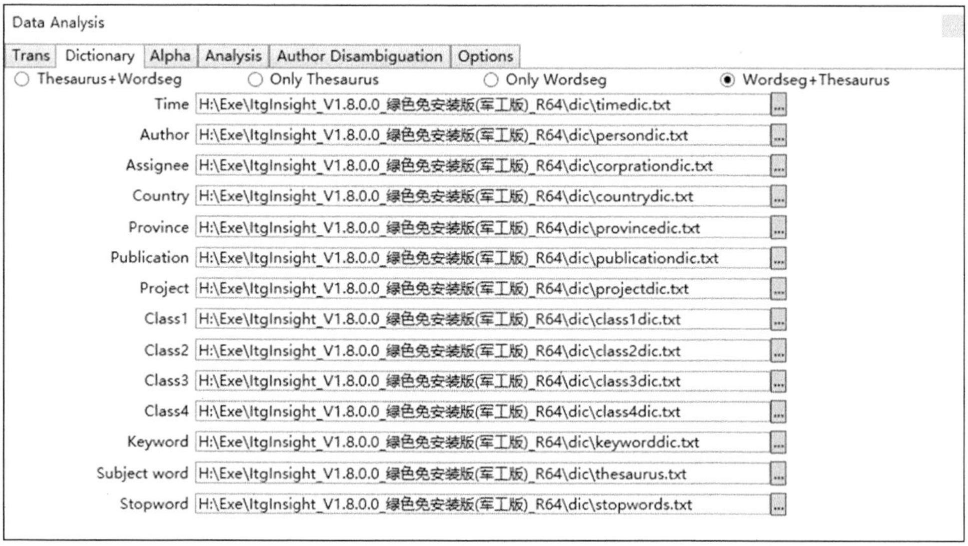

```
Data Analysis
Trans  Dictionary  Alpha  Analysis  Author Disambiguation  Options
○ Thesaurus+Wordseg     ○ Only Thesaurus      ○ Only Wordseg       ● Wordseg+Thesaurus
         Time    H:\Exe\ItgInsight_V1.8.0.0_绿色免安装版(军工版)_R64\dic\timedic.txt
       Author    H:\Exe\ItgInsight_V1.8.0.0_绿色免安装版(军工版)_R64\dic\persondic.txt
     Assignee    H:\Exe\ItgInsight_V1.8.0.0_绿色免安装版(军工版)_R64\dic\corprationdic.txt
      Country    H:\Exe\ItgInsight_V1.8.0.0_绿色免安装版(军工版)_R64\dic\countrydic.txt
     Province    H:\Exe\ItgInsight_V1.8.0.0_绿色免安装版(军工版)_R64\dic\provincedic.txt
  Publication    H:\Exe\ItgInsight_V1.8.0.0_绿色免安装版(军工版)_R64\dic\publicationdic.txt
      Project    H:\Exe\ItgInsight_V1.8.0.0_绿色免安装版(军工版)_R64\dic\projectdic.txt
       Class1    H:\Exe\ItgInsight_V1.8.0.0_绿色免安装版(军工版)_R64\dic\class1dic.txt
       Class2    H:\Exe\ItgInsight_V1.8.0.0_绿色免安装版(军工版)_R64\dic\class2dic.txt
       Class3    H:\Exe\ItgInsight_V1.8.0.0_绿色免安装版(军工版)_R64\dic\class3dic.txt
       Class4    H:\Exe\ItgInsight_V1.8.0.0_绿色免安装版(军工版)_R64\dic\class4dic.txt
      Keyword    H:\Exe\ItgInsight_V1.8.0.0_绿色免安装版(军工版)_R64\dic\keyworddic.txt
 Subject word    H:\Exe\ItgInsight_V1.8.0.0_绿色免安装版(军工版)_R64\dic\thesaurus.txt
      Stopword   H:\Exe\ItgInsight_V1.8.0.0_绿色免安装版(军工版)_R64\dic\stopwords.txt
```

图 7-11 ItgInsight 字典设置

选择字典,首次使用用户可以到软件安装目录下 dic 目录中找到相关的字典文件。

切换到 Alpha 标签下,见图 7-12。

首次使用用户,保存默认不变。其中,TermLength 和 TermFrequency 是提取主题词的词长、词频限制。英文建议词长取 2,中文词长取 3。当数据量比较大时,提高词频阈值可以加快分析速度。

切换到 Analysis 标签下,见图 7-13。

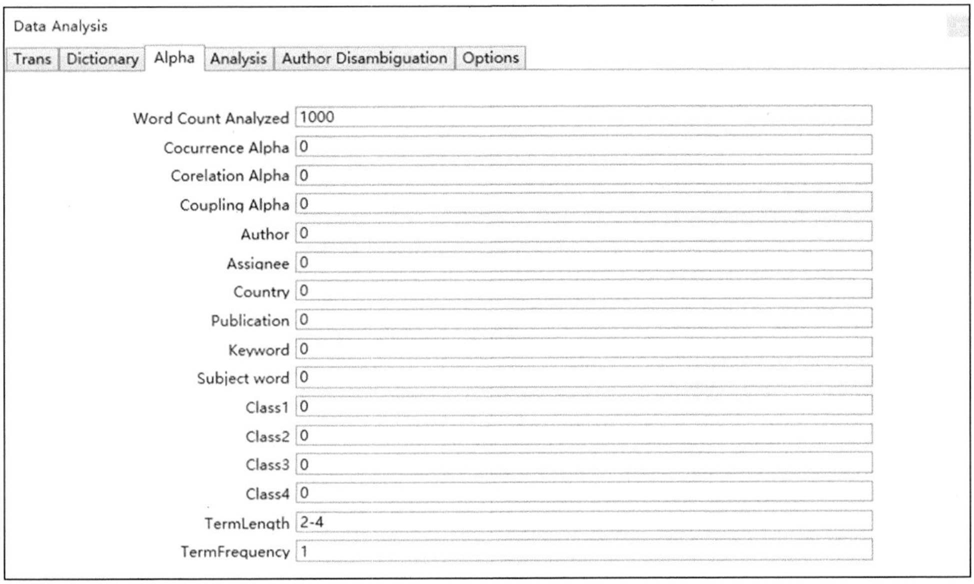

图 7-12　ItgInsight 参数设置

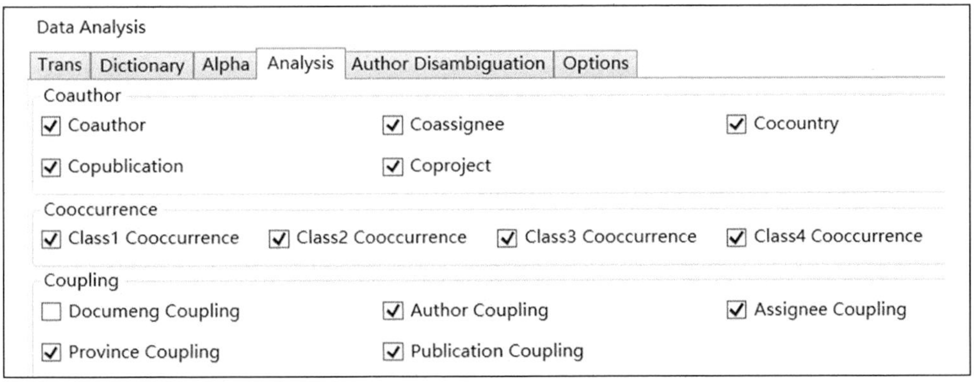

图 7-13　ItgInsight 分析设置

首次使用保持默认不变，如果数据量较大，Document Reference/ 文档引证分析会耗费较长时间，该项去掉后，分析时间会加快。

Author Disambiguation/ 作者消歧标签如图 7-14 所示。

含义是说，如果遇到同名异指，即同一个名字不同人的情况，如何处理，默认 No/ 不区分，认为是一个人。如果选择 Assignee/ 机构，则进一步区分作者是否为同一个人，看文献的机构信息，其他字段选择的含义类似。

切换到 Options/ 选项标签，见图 7-15。

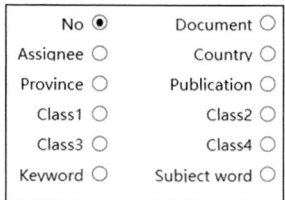

图 7-14 ItgInsight 作者消歧设置

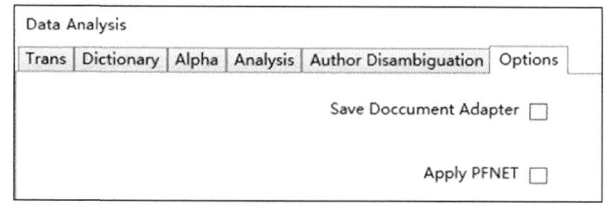

图 7-15 ItgInsight 中间结果设置

Save Document Adapter 的意思：读取数据完成后保留数据分析结果，这个中间结果以 .docadapter 为后缀，后续可以将这个文件作为输入，进行二次分析。Apply PFNET 是分析过程中是否采用 PFNET 进行网络图压缩，默认即可。

切换到 Trans/ 转换标签，点击 "OK/ 确认" 按钮，"MainProgress/ 主进度" "AssiProgress/ 辅进度" 和 "Status/ 状态" 处将显示后台数据转换的情况。

## （二）读取 itgn 文件进行可视化

点击菜单栏上的文件菜单项，或点击工具栏上的打开按钮，弹出文件导航对话框。导航到要分析的 itgn 项目文件，进行文件读取。读取 itgn 项目文件后，系统主页面右侧的基本统计部分显示出一些基本的维度统计结果，可视化区域须进一步按如下操作方式指定分析内容，进行可视化结果的输出。

点击菜单栏 "Visualization/ 可视化"，选择任意中分析方法，如 "Cooperation/ 合著网络" → "作者合著 / 机构合著 / 国家合著 / 省份合著 / 出版物合著"。

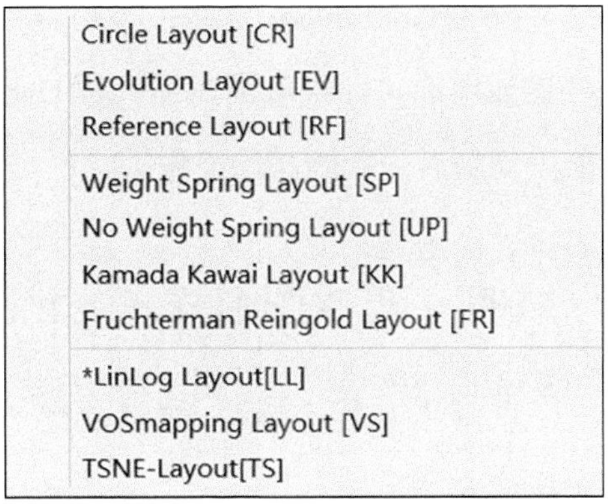

点击菜单栏"Layout/ 布局"→"CR 布局 /EV 布局 /RF 布局 /UP 布局 /SP 布局 /KK 布局 /FR 布局 /LL 布局 /VS 布局 /TS ",见图 7-16。布局算法选择以图形是否美观、易读为标准。默认选择 LL 布局算法，即可满足绝大多数情况下的可视化。

在默认情况下，布局算法针对整个可视化区域的网络图进行计算。如果希

```
Circle Layout [CR]
Evolution Layout [EV]
Reference Layout [RF]
Weight Spring Layout [SP]
No Weight Spring Layout [UP]
Kamada Kawai Layout [KK]
Fruchterman Reingold Layout [FR]
*LinLog Layout[LL]
VOSmapping Layout [VS]
TSNE-Layout[TS]
```

图 7-16　ItgInsight 算法选择设置

望算法仅对网络图某一局部内的网络节点有效，那么右键按住 ctrl，同时按下鼠标左键、移动，选择局部网络节点。这时，对网络图的操作进行对被选中的局部有效。这种操作方式可以使同一网络图不同部分采用不同的布局算法，以便使整体网络图更加清晰、可阅读。取消局部选择，放开 ctrl 键，任意点击鼠标左键即可。在各种布局算法中，LL（LinLog）\VS（VOSMapping）布局算法的与其他算法的不同之处在于，通过这两种算法布局节点，节点距离与节点之间的关系数量或强度成反比。也就是说，距离具有实际意义。

点击工具栏 ♻，初始可视化分析图形。点击工具栏 ➡，启动图形优化。在图形优化过程中，点击工具栏 ⏸，停止图形优化，以得到更加简洁清晰的可视化分析结果。

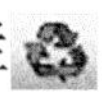

## （三）关键信息过滤 / 删除不重要的连接线

在关联关系分析过程中，可以通过路径压缩技术对网络图的关键信息进行过滤。也就是删除不重要的连接线，保留相对重要的连接线。具体操作，点击

工具栏的 PathFinder/ 压缩，Pf（2）、Pf（3）、Pf（N-1）三种压缩操作，压缩强度逐渐增加。如果取消压缩，按 Undo/ 撤销按钮。如果连续两次压缩，撤销仅能恢复最后一次的压缩操作。

## （四）更改图形样式美化图形

点击工具栏上 ![icon]，或菜单栏 "Options/ 选项" → "Graph Render/ 图形渲染"，弹出图形渲染设置工具栏或面板。点击图形样式面板上的 ![style]，切换节点的显示样式，如图 7-17 所示。

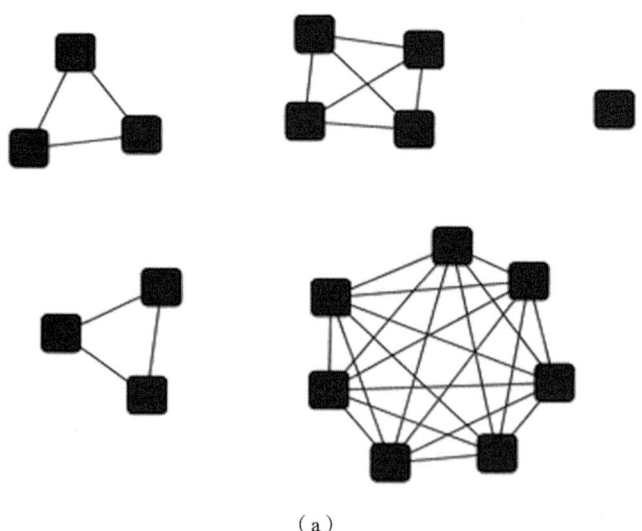

（a）

第七章 ItgInsight 文本挖掘与可视化软件

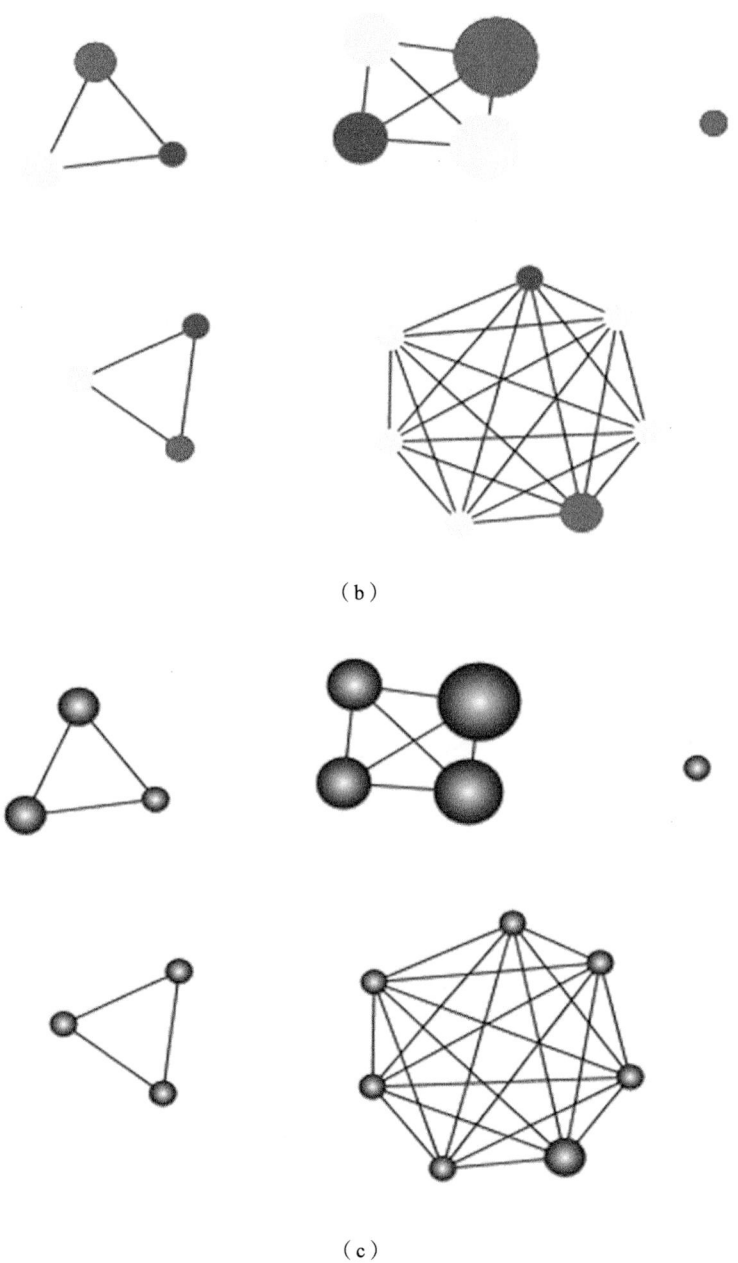

(b)

(c)

· 153 ·

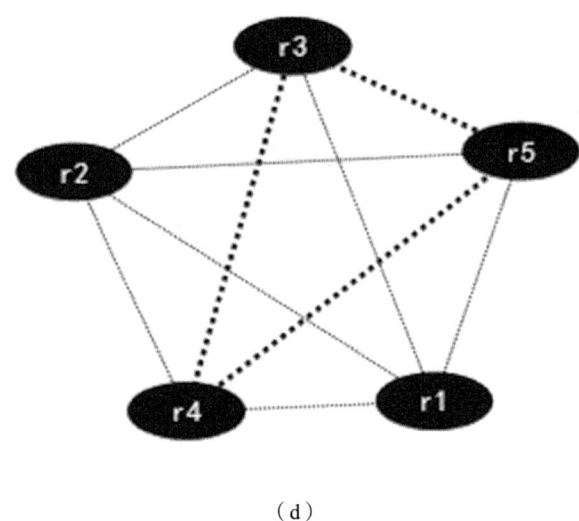

（d）

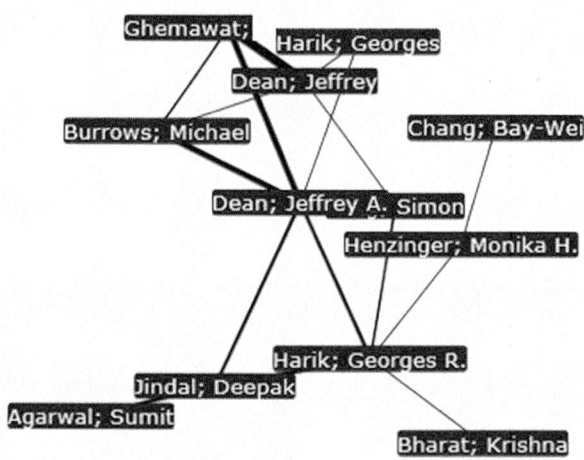

（e）

第七章 ItgInsight 文本挖掘与可视化软件

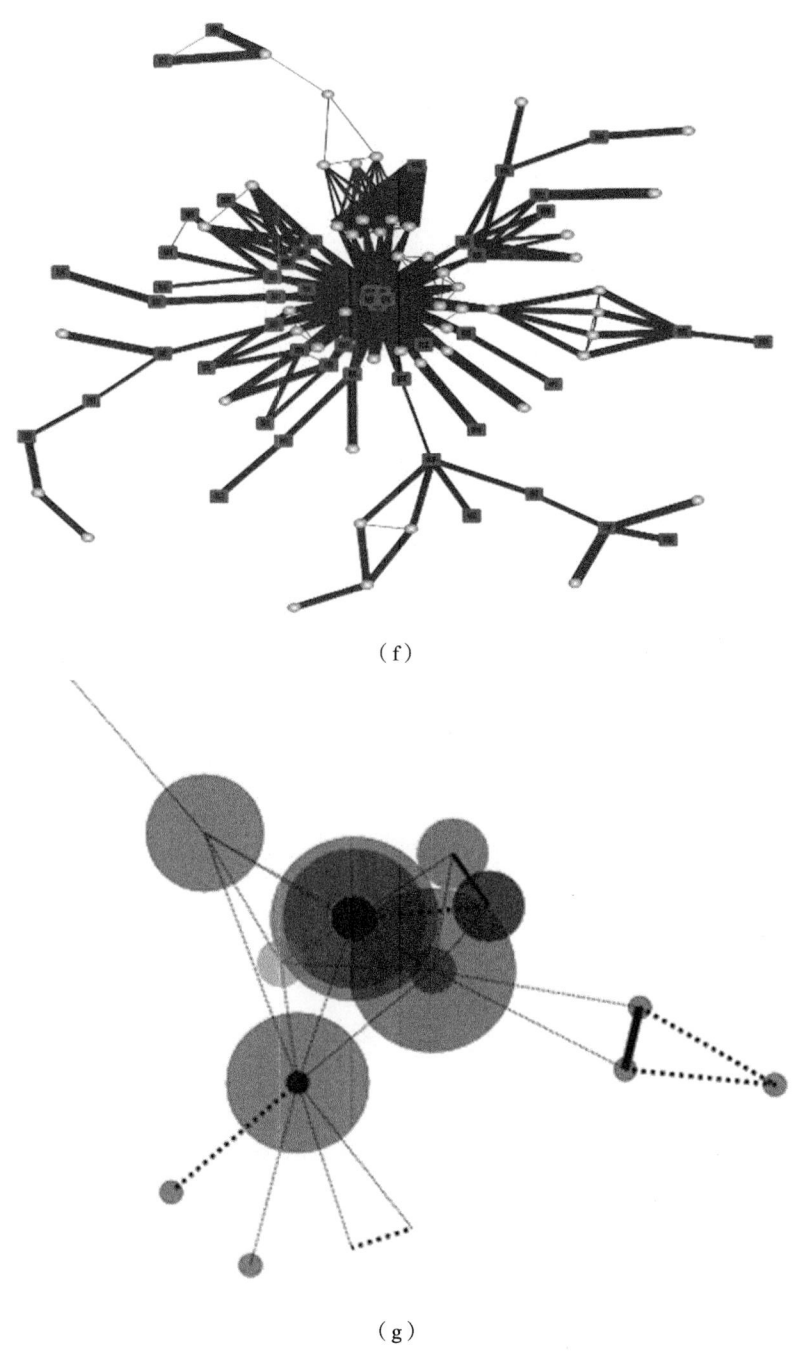

(f)

(g)

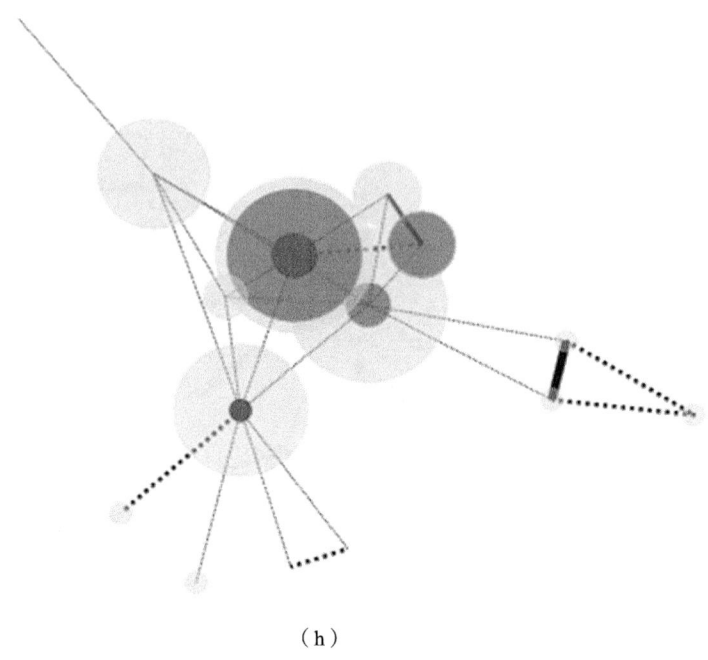

（h）

图 7-17 ItgInsight 节点样式

单击图形面板中的 ![icon]，表示所有节点大小一致，在各种分析中均可使用。再次单击表示所有节点大小不一致，与节点所代表的数量成比例。单击图形面板中的 ![icon]，表示用两种颜色区分被选中节点和未被选中的节点，选中的方式为鼠标单击。

软件左侧选中部分节点后，右键点击 shape，可对部分节点的形状进行修改；也可以在图形区，用鼠标 +shift 键，选中多个节点进行节点形状的修改。

对于节点颜色的修改，双击样式面板中的样式选项，弹出颜色对话框。选择不同的颜色，图形区域中的节点颜色将随之改变。也可以在主页面左侧的节点内容面板中进行操作。先左键选择一个或多个节点，然后右键点击 color，进行节点颜色的个性化设置。还可以在图形中去用鼠标 +shift 键，一次选择多个节点进行颜色修改。

# 第七章　ItgInsight 文本挖掘与可视化软件

点击样式面板 ▭ ，切换节点边框显示与否，双击则更改节点边框颜色。单击图形样式面板中的 ▬ ，表示所有节点连线宽度一致，在各种分析中均可使用。再次单击表示所有节点连线宽度不一致，带有数量比较。在合著关系分析、同现关系分析时使用，表示数量；在关联关系分析时使用，表示关系的强度。→ 表示连线的两个节点有初始结束关系，在引证关系分析时使用。单击图形样式面板中的 AB ，表示在连线上注明连接的数量。再次单击隐藏数量，在各种关系分析中均可使用。～ 表示连线为直线或是曲线，连续点击会在直线和曲线之间进行切换。切换单曲线时，会有多种曲线风格。

点击工具栏上的 ▭ ，或菜单栏的"Options/选项"→"Slider Zoom/滑块缩放"，弹出滑块设置工具栏目或面板，见图 7-18。

通过设置滑块值,进行"画布长""画布宽""边长度""边宽度""边阈值""边标注""边箭头""节点半径""节点边框""节点透明度""节点标注""节点标注阈值""节点标注角度""节点标注透明度""节点备注""最近 N 个节点""标签大小""热力光圈""演化分析""图形缩放"的大小、长短、多少、比例设置。

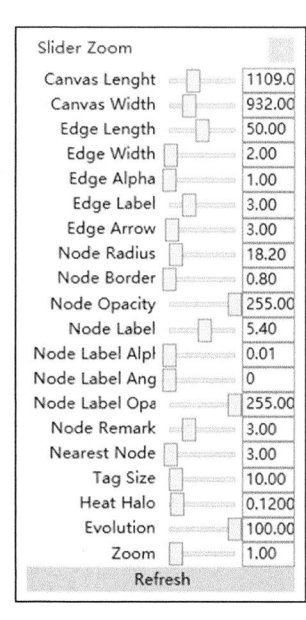

图 7-18　ItgInsight 滑块设置

## （五）聚类分析、热力图 / 地形图 / 密度图可视化

应用 ItgInsight 进行合著、同现、耦合、关联、引证分析网络图进行显示，

可以进一步对网络图进行二次聚类。二次聚类在网络图节点数量较多的情况下，能够更加清晰地表示网络结构。具体操作如下：

点击菜单栏"GraphCluster/ 图聚类"→"Vosviewer Algorithm"或"LinLog Algorithm"→"Do/ 执行"或"UnDo/ 撤销"，对网路进行聚类或取消聚类，见图 7-19。

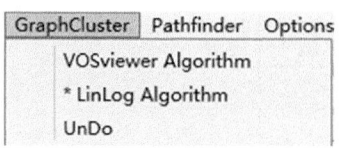

图 7-19　ItgInsight 聚类操作

在主页面左侧的节点内容面板中查看聚类结果，也可以图形显示区的节点颜色区别节点所属类别，见图 7-20。

点击 按钮，转换为聚类热力图可视化。

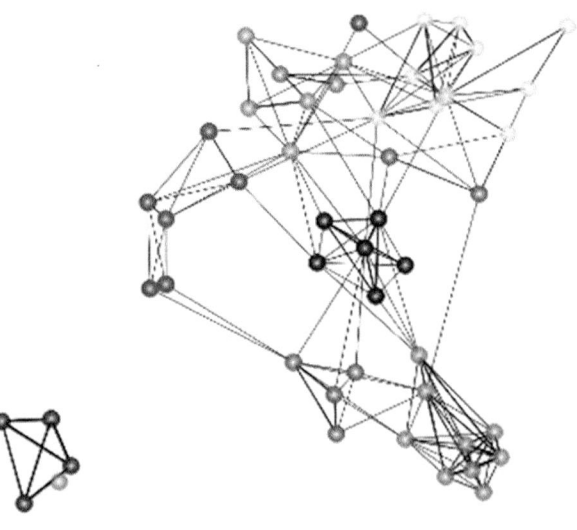

图 7-20　ItgInsight 聚类网络图可视化

ItgInsight 可视化结果以网络图为主，同时提供热力图 / 地形图 / 密度图可视化。热力图是对自然界的热力成像原理的计算机模拟，通过红、黄、绿、蓝四种颜色的深浅来区别数据的大小，颜色块区别数据的密集程度。对经过布局的网络图，再次点击菜单栏的 ◉ 或 ◉ 或 ◆ 系统提示后台操作状态条。待状态条消失后，图形区即可呈现热力图结果。

## （六）中英文科技术语识别

ItgInsight 将中英文术语识别正式嵌入软件中，具体操作在数据清洗功能中，Data Cleaning/ 数据清洗→ Data/ 数据。如图 7-21，勾选 Subject Word/ 主题词选项。

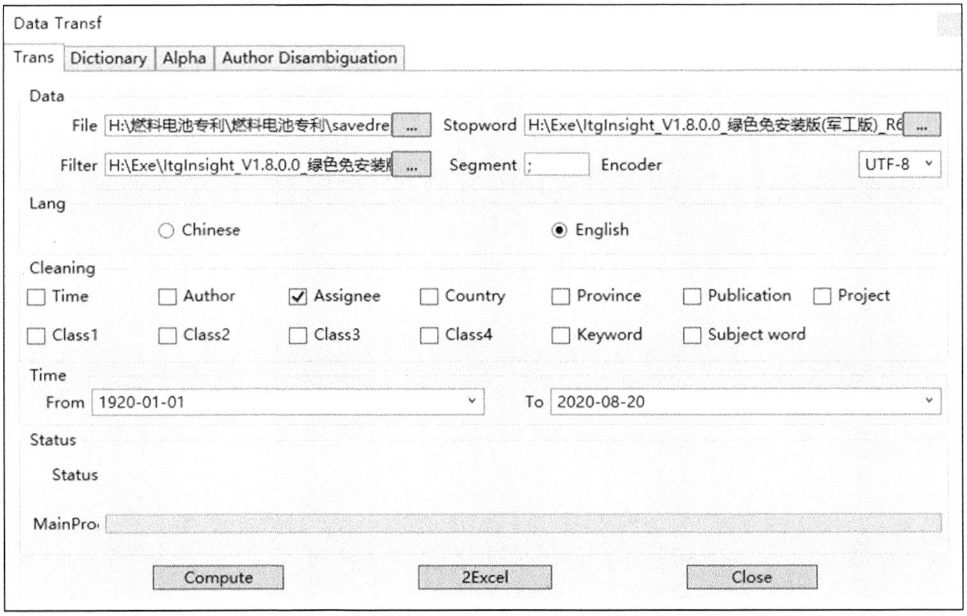

图 7-21　ItgInsight 数据清洗选择数据源

切换到 Dictionary/ 字典标签下，选择字典（一般选择安装目录 dic 目录下的默认字典），分词选项选择 Wordseg+Thesaurus/ 分词 + 词表，见图 7-22。

切换到 Alpha/ 阈值标签下，C-Value/ 是否进行术语度计算，术语度计算耗时较长，但是可以提供"该次是否为术语"的参考。词长度和词频的选择依据用户偏好进行设置。如果数据较多，建议相关阈值设大些，见图 7-23。

**图 7-22　ItgInsight 数据清洗词典设定**

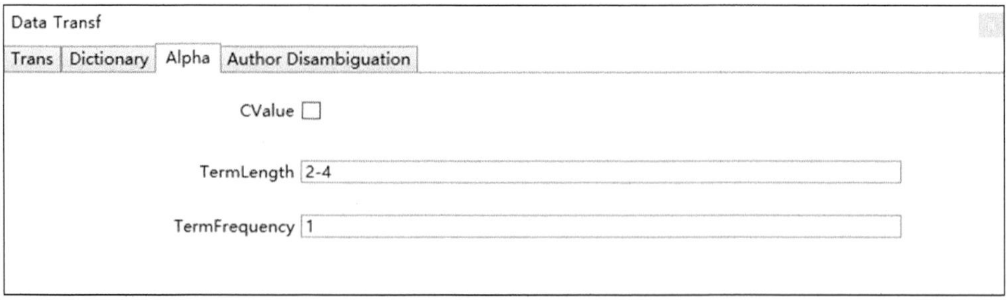

**图 7-23　ItgInsight 数据清洗阈值设定**

## （七）自动报告

ItgInsight 应用机器学习进行研究报告的自动化、智能化、模块化撰写，系统提供默认的报告撰写模板，也可以自定义报告模板。自动报告功能由计算机进行报告的智能组织，用户仅做轻微的修改，具体操作如下。

打开 . itgn 文件，点击菜单栏的 Word 图标，弹出界面，如图 7-24 所示。

选择一个报告模板，在 Topic/ 主题文本框填写分析报告的技术领域。比如，“纳米技术”，点击确定按钮，软件自动撰写报告。撰写报告的中间结果，包括各种矢量图、统计表格在软件安装目录“report temple”下。

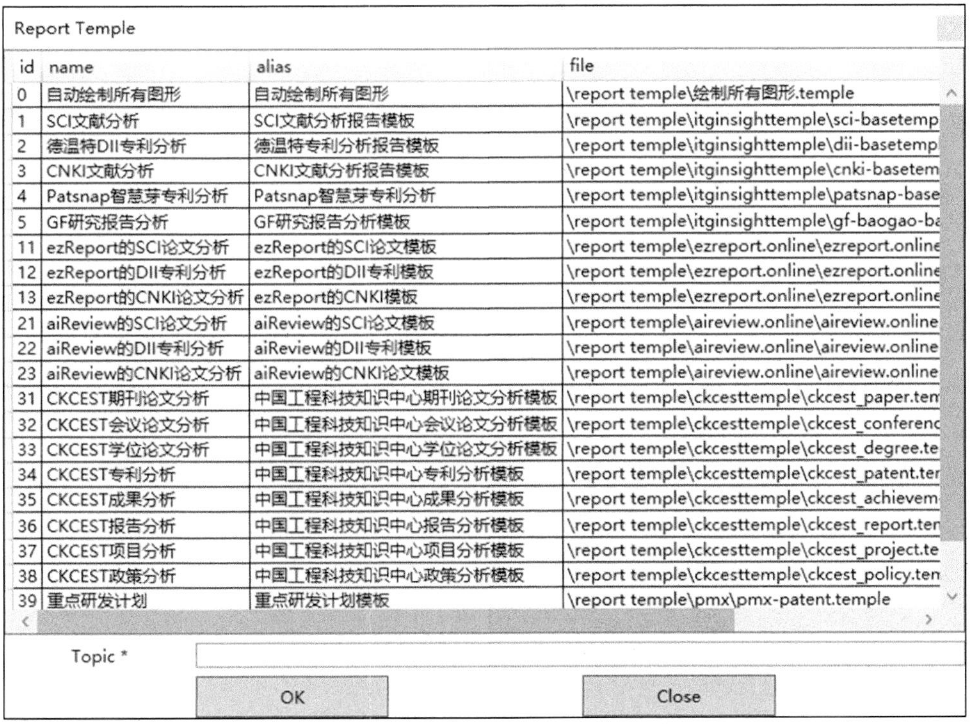
Report Temple

| id | name | alias | file |
|---|---|---|---|
| 0 | 自动绘制所有图形 | 自动绘制所有图形 | \report temple\绘制所有图形.temple |
| 1 | SCI文献分析 | SCI文献分析报告模板 | \report temple\itginsighttemple\sci-basetemp |
| 2 | 德温特DII专利分析 | 德温特专利分析报告模板 | \report temple\itginsighttemple\dii-basetemp |
| 3 | CNKI文献分析 | CNKI文献分析报告模板 | \report temple\itginsighttemple\cnki-basetem |
| 4 | Patsnap智慧芽专利分析 | Patsnap智慧芽专利分析 | \report temple\itginsighttemple\patsnap-base |
| 5 | GF研究报告分析 | GF研究报告分析模板 | \report temple\itginsighttemple\gf-baogao-ba |
| 11 | ezReport的SCI论文分析 | ezReport的SCI论文模板 | \report temple\ezreport.online\ezreport.online |
| 12 | ezReport的DII专利分析 | ezReport的DII专利模板 | \report temple\ezreport.online\ezreport.online |
| 13 | ezReport的CNKI论文分析 | ezReport的CNKI模板 | \report temple\ezreport.online\ezreport.online |
| 21 | aiReview的SCI论文分析 | aiReview的SCI论文模板 | \report temple\aireview.online\aireview.online |
| 22 | aiReview的DII专利分析 | aiReview的DII专利模板 | \report temple\aireview.online\aireview.online |
| 23 | aiReview的CNKI论文分析 | aiReview的CNKI论文模板 | \report temple\aireview.online\aireview.online |
| 31 | CKCEST期刊论文分析 | 中国工程科技知识中心期刊论文分析模板 | \report temple\ckcesttemple\ckcest_paper.ten |
| 32 | CKCEST会议论文分析 | 中国工程科技知识中心会议论文分析模板 | \report temple\ckcesttemple\ckcest_conferenc |
| 33 | CKCEST学位论文分析 | 中国工程科技知识中心学位论文分析模板 | \report temple\ckcesttemple\ckcest_degree.te |
| 34 | CKCEST专利分析 | 中国工程科技知识中心专利分析模板 | \report temple\ckcesttemple\ckcest_patent.ter |
| 35 | CKCEST成果分析 | 中国工程科技知识中心成果分析模板 | \report temple\ckcesttemple\ckcest_achievem |
| 36 | CKCEST报告分析 | 中国工程科技知识中心报告分析模板 | \report temple\ckcesttemple\ckcest_report.ter |
| 37 | CKCEST项目分析 | 中国工程科技知识中心项目分析模板 | \report temple\ckcesttemple\ckcest_project.te |
| 38 | CKCEST政策分析 | 中国工程科技知识中心政策分析模板 | \report temple\ckcesttemple\ckcest_policy.ten |
| 39 | 重点研发计划 | 重点研发计划模板 | \report temple\pmx\pmx-patent.temple |

Topic *

OK　Close

**图 7-24　ItgInsight 自动报告**

# 第四部分

# 专利分析案例

# 第八章　汽车智能驾驶技术专利分析

　　自动驾驶汽车是一种通过电脑系统实现无人驾驶的智能汽车，它依靠人工智能、视觉计算、雷达、监控装置和全球定位系统协同合作，让电脑可以在没有任何人类主动的操作下，自动安全地操作机动车辆。智能驾驶主要涉及汽车自动驾驶技术的网络化、人工智能、高精度地图、关键传感器、交通基础设施等方面的研究。以下基于德温特专利数据库，对智能驾驶技术相关专利进行分析。

## 一、数据源与检索策略

数据来源：Web of Science 的德温特专利数据库。

检索时间：截至 2020/8/27。

检索策略：TS =（driverle*s Vehicle）OR TS =（driverle*s Vehicle and Computer Vision）OR TS =（driverle*s Vehicle AND path planning）OR TS =（driverle*s Vehicle AND HD Map）OR TS =（driverle*s Vehicle AND high Definition map）。

检索结果：1001。

分析工具：ItgInsight。

## 二、专利家族量与趋势分析

专利家族数量趋势一定程度上可以反映出某技术类别或研究领域的发展状态、热度和趋势。统计该技术主题历年专利家族数量及其增长率，历年专利家族数量及其累积数量，如图8-1和图8-2所示。该技术主题专利家族总量1001件，总体呈现递增趋势。2011年、2015年数量增加较为显著，2018年数量达到顶峰291件。

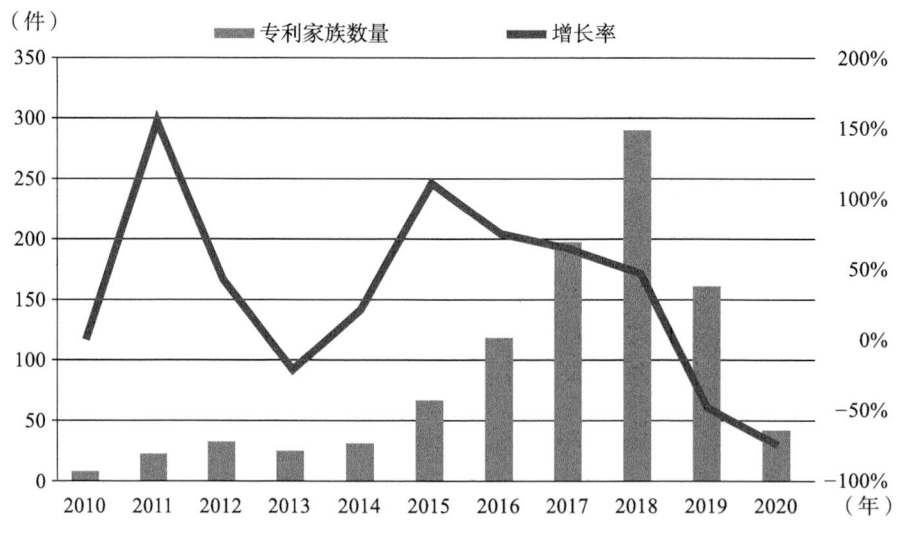

图 8-1　历年专利家族数量及其增长率趋势图

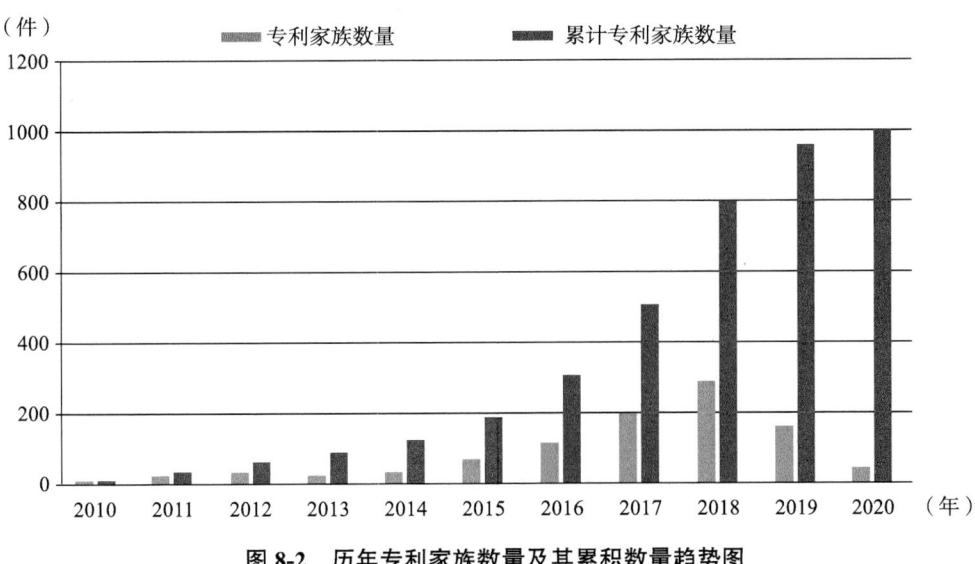

图 8-2 历年专利家族数量及其累积数量趋势图

# 三、技术生命周期分析

技术生命周期的概念源自产品生命周期,与侧重产品和市场的视角相比,技术生命周期理论的出发和落脚点都是技术自身。技术生命周期细分为竞争影响力和产品与制造的整合两个维度,并以研究开发(萌芽)期、成长期、成熟期和衰退期四个阶段。除衡量单项技术随时间变动的发展趋势外,技术生命周期理论还可用于对同类技术市场总量变化或技术的性能进行评价。

根据历年专利家族数量与申请人数量的变化,绘制技术生命周期,如图 8-3。对照标准的技术生命周期曲线,可知该技术主题目前处于成长期。

block diagram], [robotic car]];[driverless vehicle], [driverless vehicles], [vehicle e. g], [schematic diagram], [computing device];[driverless transport vehicle], [motor vehicle], [transport vehicle], [control unit], [driverless transport system];[unmanned vehicle], [control system], [driverless operation], [parking space], [cargo handling vehicle];[driverless cars], [autonomous vehicles], [sensor data], [computer system], [current location]。

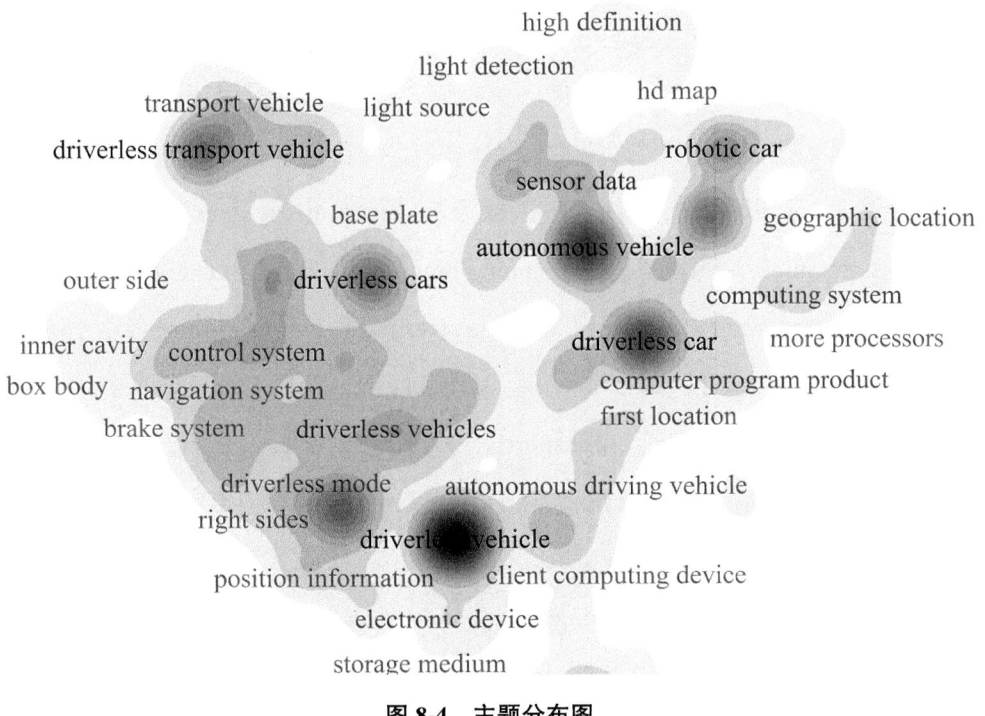

图 8-4 主题分布图

## （二）技术主题演化

主题演化分析作为新兴趋势探测方法之一，有助于了解领域主题产生、消亡、增强、减弱、聚合和裂变的过程，在文献分析中广泛应用，也得到了众多研究者的关注。本报告以主题词演化反映领域的主题变化情况。其基本过程：提取每个时间段的主题词（或主题词组），统计各主题词（或主题词组）频数，列出前几个主题词，依据数量多少排序；计算各个时间段主题词（或主题词组）之间的同现关系强度，上一阶段的同现关系作为上一阶段主题词（或主题词组）与下一阶段主题词（或主题词组）之间的关系强度。基于相同的计算方法，将主题演化拓展到作者、机构、地区、关键词、学科类别演化。绘制智能驾驶汽车技术技术主题词演化图，如图 8-5 所示。

从图 8-5 可以看出，2010 年主要为 [electric current supply unit], [mobile unit], [autonomous vehicles], [m scanning processes], [motor vehicle], [detection area], [laser scanner], [cellular route system], [vehicle assembly], [public highway system]；2011—2015 年主要为 [motor vehicle], [autonomous vehicle], [driverless transport vehicle], [transport vehicle], [driverless vehicle], [production plant], [mobile part], [driverless transportation system], [driverless transport system], [driverless transport vehicles]；2016—2020 年主要为 [driverless vehicle], [autonomous vehicle], [unmanned vehicle], [driverless transport vehicle], [driverless car], [driverless cars], [motor vehicle], [sensor data], [transport vehicle], [autonomous vehicles]。

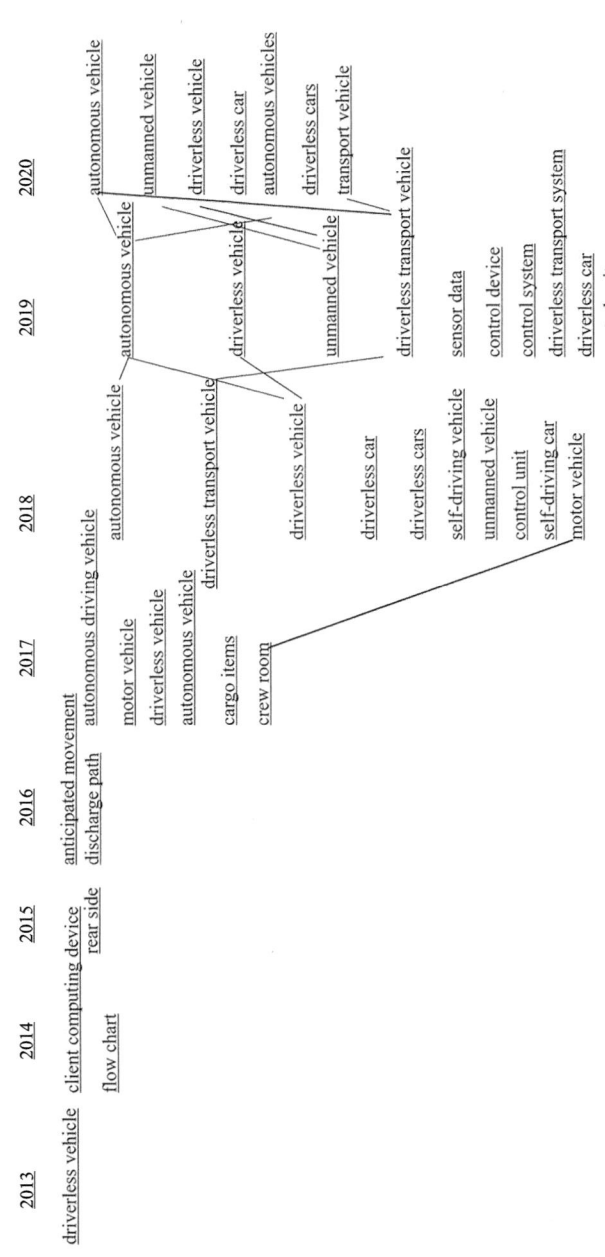

图 8-5 主题演化趋势图

# 五、技术类别分布与演化分析

## （一）技术类别分布

统计该技术主题技术类别分布，如表 8-1 所示，排序前 5 位的分别为 [t01（digital computers）]、[t06（process and machine control）]、[w06（aviation, marine and radar systems）]、[x22（automotive electrics）]、[s02（engineering instrumentation）]，数量分别达到 519 件、288 件、189 件、174 件和 80 件。

表 8-1 主要技术类别专利家族数量表

| 序号 | 技术类别 | 专利家族数量（件） |
| --- | --- | --- |
| 1 | t01（digital computers） | 519 |
| 2 | t06（process and machine control） | 288 |
| 3 | w06（aviation, marine and radar systems） | 189 |
| 4 | x22（automotive electrics） | 174 |
| 5 | s02（engineering instrumentation） | 80 |
| 6 | w01（telephone and data transmission systems） | 69 |
| 7 | q38（hoisting | 53 |
| 8 | lifting | 53 |
| 9 | hauling | 53 |
| 10 | trucks（b66） | 53 |
| 11 | x21（electric vehicles） | 51 |
| 12 | w05（alarms, signalling, telemetry and telecontrol） | 49 |
| 13 | t07（traffic control systems） | 49 |
| 14 | q35（refuse collection, conveyors（b65f, g）） | 46 |
| 15 | w02（broadcasting, radio and line transmission systems） | 42 |
| 16 | t04（computer peripheral equipment） | 41 |
| 17 | w04（audio/video recording and systems） | 39 |

续表

| 序号 | 技术类别 | 专利家族数量（件） |
|---|---|---|
| 18 | x25（industrial electric equipment） | 38 |
| 19 | t05（counting, checking, vending, atm and pos systems） | 37 |
| 20 | q17（vehicle construction, fittings, propulsion arrangements（b60j-k, b60r, b60v-w）） | 25 |
| 21 | q19（vehicle applications） | 23 |
| 22 | q18（brake systems, steering systems, control（b60t, b62l）） | 23 |
| 23 | p62（hand tools, cutting（b25, b26）） | 20 |
| 24 | q16（vehicle servicing, maintenance, cleaning equipment, vehicle design and manufacture（b60s）） | 19 |
| 25 | x23（electric railways and signalling） | 18 |
| 26 | x16（electrochemical storage） | 17 |
| 27 | s03（scientific instrumentation） | 16 |
| 28 | q14（vehicle accessories（b60h, b60n, b60q, b60r, b62h-j）） | 15 |
| 29 | p81（optics（g02）） | 15 |
| 30 | q41（road, rail, bridge construction（e01）） | 12 |

## （二）技术类别演化

提取历年主要技术类别专利家族趋势，图 8-6 所示。据图 8-6 可知，2010 年主要为 [t06（process and machine control）]，[t01（digital computers）]，[s02（engineering instrumentation）]，[q38（hoisting]，[lifting]，[hauling]，[trucks（b66））]，[s03（scientific instrumentation）]，[s01（electrical instruments）]，[u24（amplifiers and low power supplies）]；2011—2015 年主要为 [t01（digital computers）]，[x22（automotive electrics）]，[t06（process and machine control）]，[w06（aviation, marine and radar systems）]，[q35（refuse collection, conveyors（b65f, g））]， [s02（engineering instrumentation）], [q38（hoisting], [lifting], [hauling], [trucks（b66））]；2016—2020 年主要为 [t01（digital computers）], [t06（process and machine control）], [w06（aviation, marine and radar systems）], [x22（automotive electrics）], [s02（engineering instrumentation）], [w01（telephone and data transmission systems）], [w05（alarms, signalling, telemetry and telecontrol）], [t07（traffic control systems）], [q38（hoisting], [lifting]。

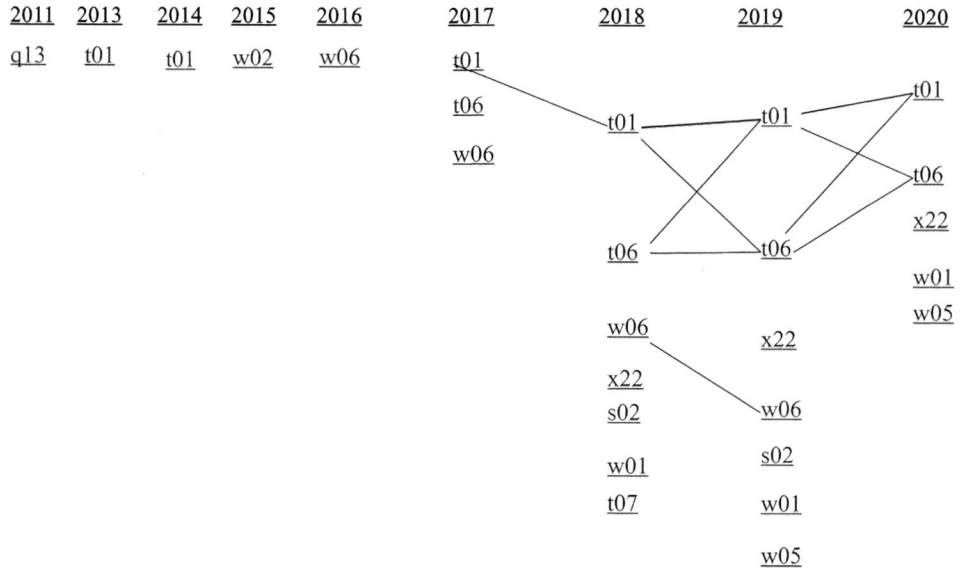

图 8-6 技术类别演化趋势图

## （三）技术类别交叉

主要技术类别交叉，图 8-7 所示。图中节点大小与专利家族数量多少成正比，图中连线粗细与共现数量多少成正比。

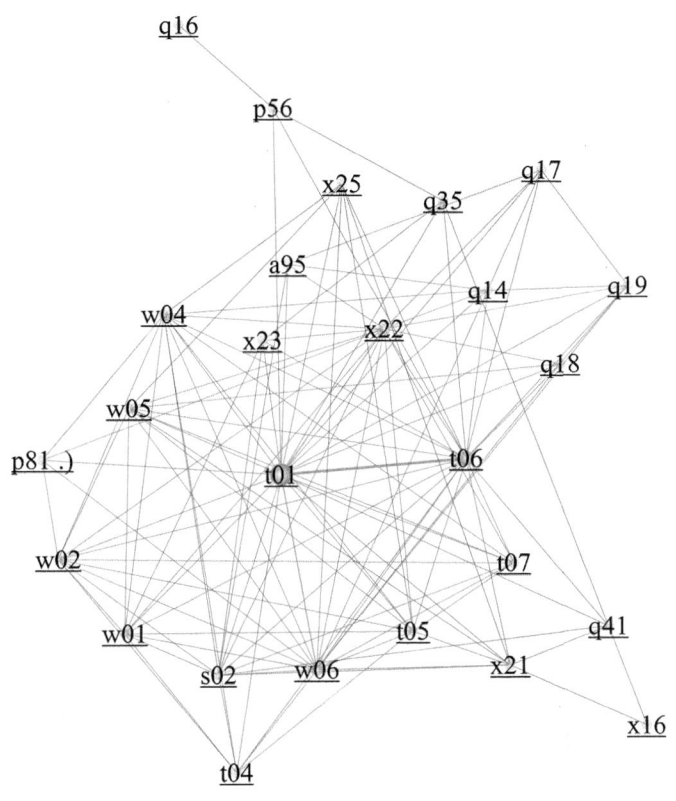

图 8-7 技术类别交叉图

从图 8-7 中可以看出，交叉融合显著的 [t01（digital computers）]，[t06（process and machine control)]，[w06（aviation，marine and radar systems)]，[x22（automotive electrics）]，[s02（engineering instrumentation）]，[q38（hoisting、lifting、hauling、trucks（b66））]，[q35（refuse collection, conveyors（b65f, g））]，[q17（vehicle construction，fittings，propulsion arrangements（b60j-k，b60r，b60v-w））]，[q19（vehicle applications）]，[q18（brake systems，steering systems，control（b60t，b621））]，[q14（vehicle accessories（b60h，b60n， b60q，b60r，b62h-j））］，[x21（electric vehicles）]，[x16（electrochemical storage）]，[q41（road，rail，bridge construction（e01））。

# 六、技术方向分布与演化分析

## （一）技术方向分布

统计该技术主题技术方向分布比，表 8-2 所示，排序前 5 位的分别为 [t01-j07d3a]，[t01-j07d1]，[t06-b01a]，[t01-s03]，[x22-p15]，数量分别达到 259 件、198 件、198 件、159 件和 107 件。

表 8-2　主要技术方向专利家族数量表

| 序号 | 技术方向 | 专利家族数量（件） |
| --- | --- | --- |
| 1 | t01-j07d3a | 259 |
| 2 | t01-j07d1 | 198 |
| 3 | t06-b01a | 198 |
| 4 | t01-s03 | 159 |
| 5 | x22-p15 | 107 |
| 6 | t06-d07b | 77 |
| 7 | x22-j05 | 63 |
| 8 | t06-b01 | 58 |
| 9 | t01-j10b2 | 57 |
| 10 | q38-b | 50 |
| 11 | t01-n02a3c | 48 |
| 12 | t01-j07d3 | 47 |
| 13 | w06-a06d1 | 46 |
| 14 | w01-a06c4 | 45 |

续表

| 序号 | 技术方向 | 专利家族数量（件） |
|---|---|---|
| 15 | q35-b | 44 |
| 16 | w06-a06h1k | 40 |
| 17 | w05-d07d | 38 |
| 18 | x21-a01f | 35 |
| 19 | t01-j05b4p | 32 |
| 20 | s02-b08 | 31 |
| 21 | x22-x06x | 31 |
| 22 | t01-n01d | 31 |
| 23 | x22-w | 31 |
| 24 | x21-a01l | 30 |
| 25 | x22-c02d | 30 |
| 26 | x22-e06 | 30 |
| 27 | x22-c05b | 28 |
| 28 | w05-d08c | 27 |
| 29 | x22-k08 | 27 |
| 30 | w06-a06c | 27 |

## （二）技术方向演化

提取历年主要技术方向专利家族趋势，如图 8-8 所示。据图可知，2010 年主要为 [t06-b01a]，[t01-j07d1]，[s02-a03b3]，[s02-a03b5]，[s03-c04a]，[s03-c08]，[s01-g06]，[u24-h07]，[w05-d07d]，[x12-h01b5]；2011—2015 年主要为 [t01-s03]，[t01-j07d1]，[t06-b01a]，[t01-j07d3a]，[x22-p15]，[q35-b]，[x22-j05]，[t06-b01]，[x22-c05b]，[x22-c02d]；2016—2020 年主要为 [t01-j07d3a]，[t01-j07d1]，[t06-b01a]，[t01-s03]，[x22-p15]，[t06-d07b]，[t01-j10b2]，[x22-j05]，[w01-a06c4]，[t01-n02a3c]。

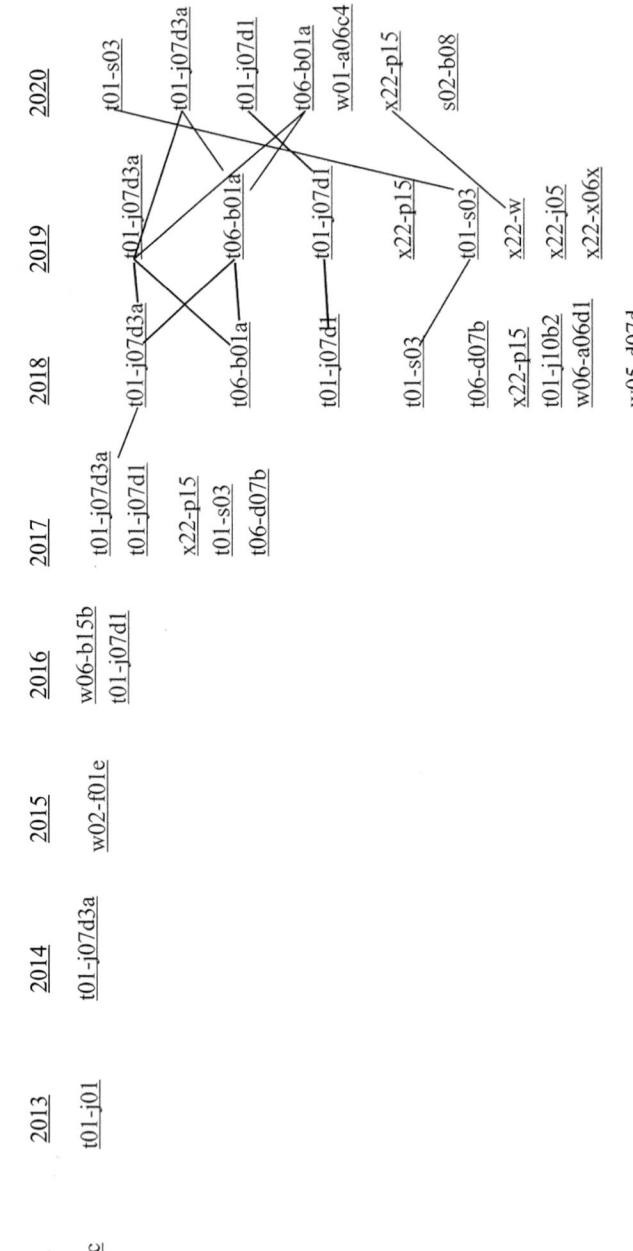

图 8-8 技术方向演化趋势图

## （三）技术方向交叉

主要技术方向交叉，如图 8-9 所示。图中节点大小与专利家族数量多少成正比，图中连线粗细与合著数量多少成正比。

从图 8-9 中可以看出，交叉融合显著的 [t01-j07d3a]，[t06-b01a]，[t01-s03]，[t06-d07b]，[t06-b01]；[t01-j07d1]，[q38-b]，[q35-b]，[w05-d07d]，[x21-a01f]；[x22-p15]，[x22-j05]，[x22-x06x]，[x22-w]，[x22-c02d]。

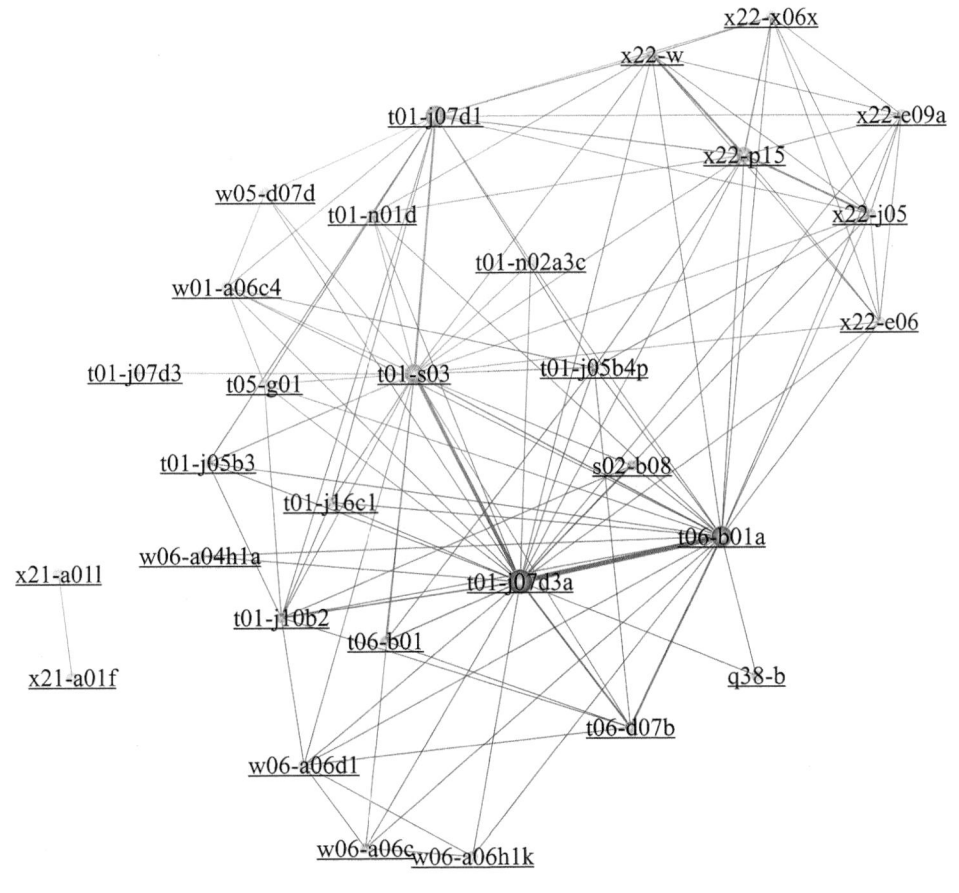

图 8-9　技术方向交叉图

## 七、原创国分布与演化分析

### （一）原创国分布

统计该技术主题原创国专利家族总量及其占比，如表 8-3 所示，排序前 5 位的分别为 cn、us、de、jp、ep，数量分别达到 317 件、270 件、241 件、58 件、33 件。

表 8-3　主要原创国专利家族数量表

| 序号 | 原创国 | 专利家族数量（件） | 比重 |
|---|---|---|---|
| 1 | cn | 317 | 31.0000% |
| 2 | us | 270 | 26.0000% |
| 3 | de | 241 | 24.0000% |
| 4 | jp | 58 | 5.0000% |
| 5 | ep | 33 | 3.0000% |
| 6 | wo | 18 | 1.0000% |
| 7 | kr | 15 | 1.0000% |
| 8 | au | 12 | 1.0000% |
| 9 | gb | 10 | 0.0000% |
| 10 | in | 9 | 0.0000% |
| 11 | tw | 5 | 0.0000% |
| 12 | fr | 3 | 0.0000% |
| 13 | se | 2 | 0.0000% |
| 14 | br | 2 | 0.0000% |
| 15 | at | 1 | 0.0000% |
| 16 | ch | 1 | 0.0000% |
| 17 | rd | 1 | 0.0000% |
| 18 | fi | 1 | 0.0000% |
| 19 | tr | 1 | 0.0000% |
| 20 | it | 1 | 0.0000% |

## （二）原创国演化

提取历年主要原创国专利家族趋势，如图 8-10 所示。据图可知，2010 年主要为 [us]、[de]、[fr]、[ep]、[gb]、[cn]；2011—2015 年主要为 [de]、[us]、[ep]、[cn]、[jp]、[br]、[tw]、[in]、[kr]、[it]；2016—2020 年主要为 [cn]、[us]、[de]、[jp]、[ep]、[wo]、[kr]、[au]、[gb]、[in]。

## （三）原创国技术侧重与技术关联关系

挖掘原创国的技术主题词侧重，计算原创国之间的技术关联强度，揭示原创国之间的技术竞争，如图 8-11 所示。图中节点大小与专利家族文献数量多少成正比，图中连线粗细与原创国之间的技术关联强度成正比。节点标注文字为该原创国名称及其应用最多的三个技术主题词和专利家族技术类别编码。

关联关系显著的 cn、jp、kr、au、tw、br、rd、tr；us、wo、gb、in、se、it；de、ep、fr、at、ch、fi。

从主题角度看，cn、jp、kr、au、tw、br、rd、tr 侧重于 [driverless vehicle]、[unmanned vehicle]、[driverless cars]、[driverless car]、[driverless operation]；us、wo、gb、in、se、it 侧重于 [autonomous vehicle]、[self-driving car]、[driverless vehicle]、[driverless car]、[robotic car]；de、ep、fr、at、ch、fi 侧重于 [driverless transport vehicle]、[motor vehicle]、[transport vehicle]、[driverless transport system]、[driverless transport vehicles]，如图 8-12 所示。

从技术类别看，cn、wo、au、gb、in、se、rd 侧重于 [t01（digital computers）]、[t06（process and machine control）]、[w06（aviation, marine and radar systems）]、[x22（automotive electrics）]、[s02（engineering

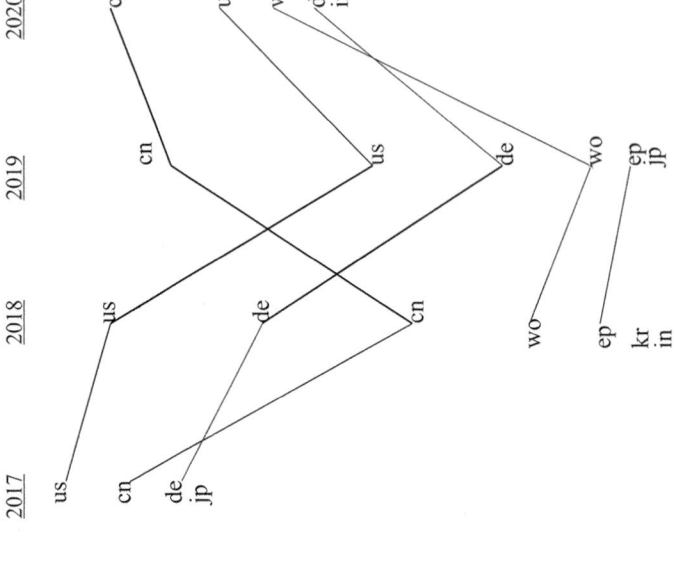

图 8-10 原创国演化趋势图

instrumentation)]; us、ep、kr、tw 侧重于 [t01（digital computers）], [t06（process and machine control）], [w06（aviation, marine and radar systems）], [x22（automotive electrics）], [w01（telephone and data transmission systems）]; de、jp、fr 侧重于 [t01（digital computers）], [x22（automotive electrics）], [t06（process and machine control）], [q35（refuse collection, conveyors（b65f, g））], [w06（aviation, marine and radar systems）]; br、tr、it 侧重于 [a95（transport-including vehicle parts, tyres and armaments.）], [q21（railways（b60l-m, b61））], [q49（mining（e21））], [t01（digital computers）], [t04（computer peripheral equipment）]; at、ch、fi 侧重于 [q35（refuse collection, conveyors（b65f, g））], [t01（digital computers）], 如图 8-13 所示。

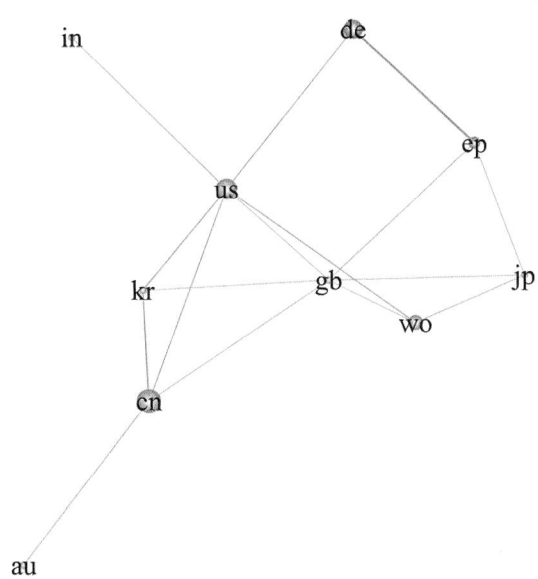

图 8-11　原创国关联关系图

图 8-12 原创国关联关系图（标注主题词）

第八章 汽车智能驾驶技术专利分析

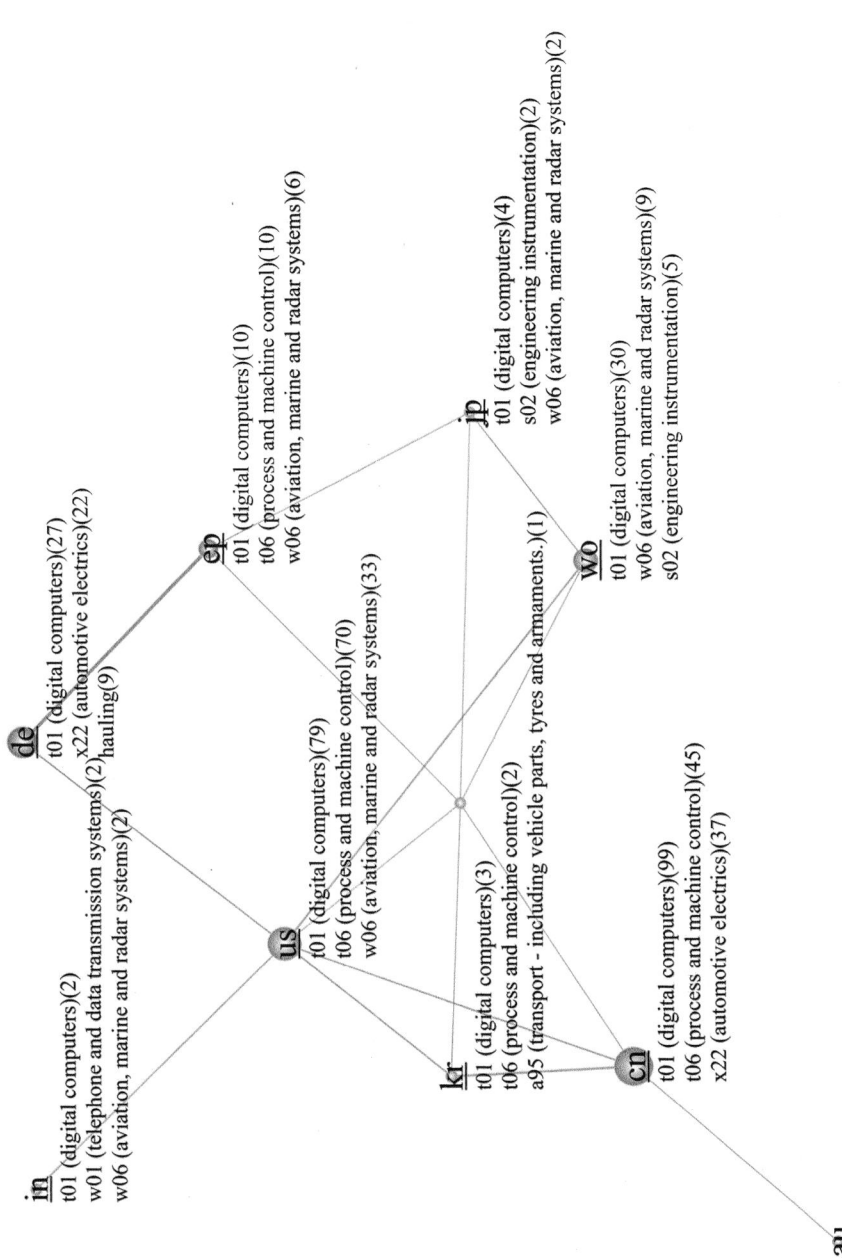

图 8-13 原创国关联关系图（标注技术类别）

## 八、受理国和地区同时申请与竞争分析

### （一）受理国和地区专利家族数量

统计主要受理国专利家族占比，如图 8-14 所示，排序前 5 位的分别为中国、美国、德国、世界知识产权组织和欧洲专利局，数量分别达到 440、409、266、225、161。

### （二）受理国和地区专利家族趋势

提取历年主要受理国和地区专利家族趋势，如图 8-14 所示。据图可知，2010—2010 年主要为欧洲专利局、美国、德国、世界知识产权组织、法国和中国；2011—2015 年主要为德国、美国、欧洲专利局、世界知识产权组织、中国、日本、韩国、印度、加拿大和巴西；2016—2020 年主要为中国、美国、世界知识产权组织、德国、欧洲专利局、日本、韩国、澳大利亚、印度和中国台湾。

### （三）受理国和地区同时申请关系

主要受理国和地区同时申请关系，如图 8-15 所示。图中节点大小与专利家族数量多少成正比，节点分别表示署名的专利家族文献数量。图中连线粗细与同时申请数量多少成正比。

从图 8-15 可以看出，同时申请关系显著的中国、美国、德国、世界知识产权组织、欧洲专利局；日本、韩国、印度、澳大利亚、中国台湾地区。

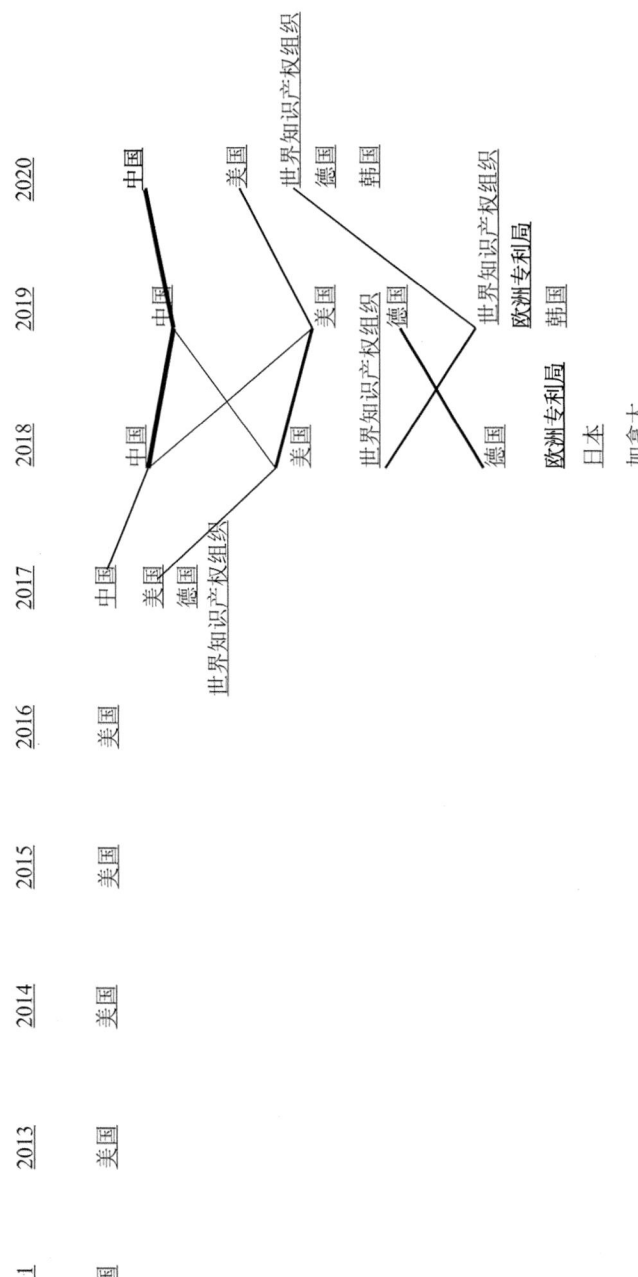

图 8-14 受理国和地区演化趋势图

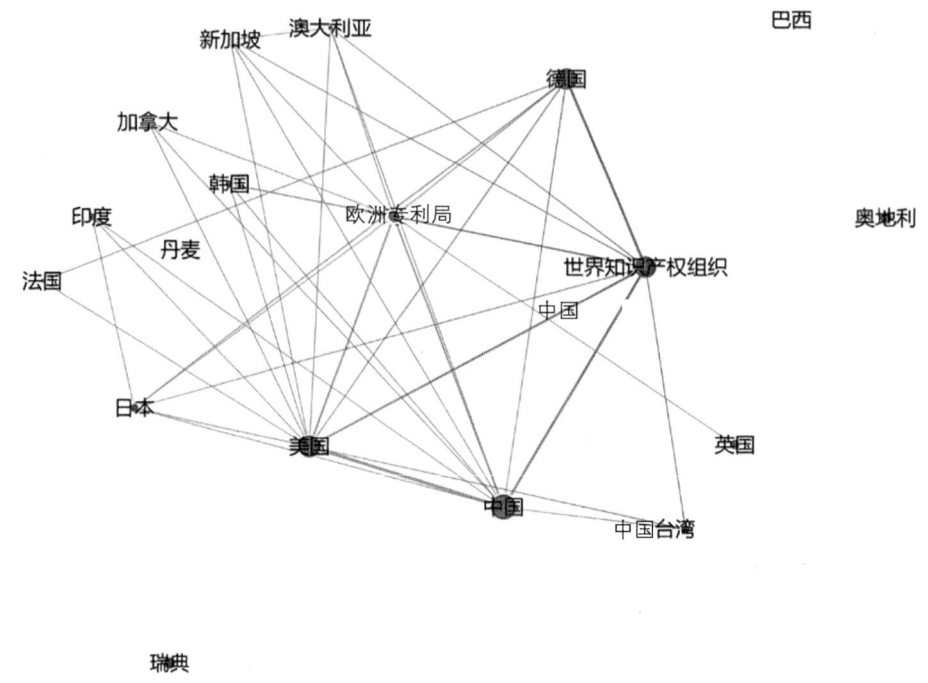

图 8-15 受理国和地区同时申请关系图

## （四）受理国和地区技术侧重与技术关联

利用文本挖掘技术，挖掘受理国的技术主题词侧重，计算受理国和地区之间的技术关联强度，揭示受理国和地区之间的技术竞争，见图 8-16。图中节点大小与专利家族文献数量多少成正比，图中连线粗细与受理国之间的技术关联强度成正比。节点标注文字为该受理国和地区名称及其应用最多的三个技术主题词和专利家族技术类别编码。

关联关系显著的中国、美国、世界知识产权组织、欧洲专利局、日本、韩国、中国台湾地区、瑞典、意大利；加拿大、英国、巴西、墨西哥、越南、菲律宾、俄罗斯；德国、印度、法国、奥地利；澳大利亚、新加坡、中国香港、印度尼西亚。

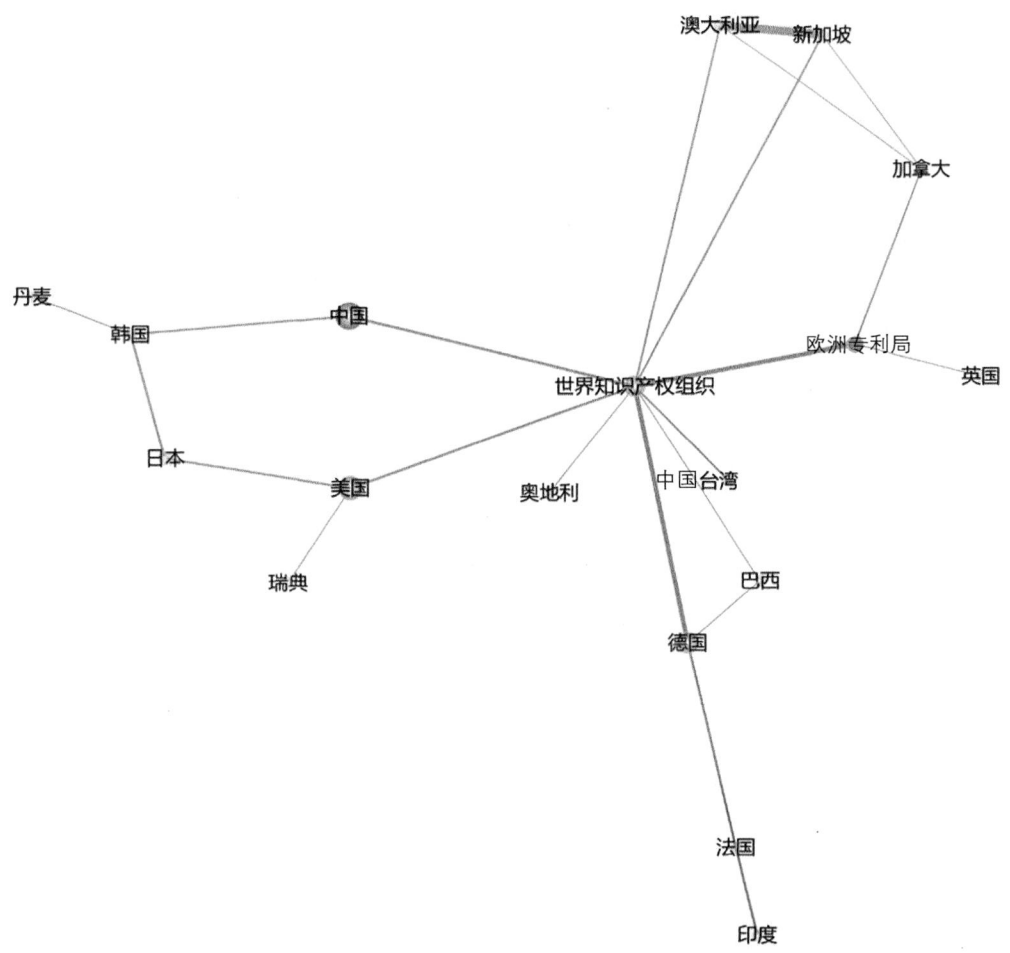

图 8-16 受理国和地区关联关系图

从主题角度看,中国、美国、世界知识产权组织、欧洲专利局、日本、韩国、中国台湾地区、瑞典、意大利侧重于 [autonomous vehicle]、[driverless vehicle]、[driverless car]、[self-driving car]、[unmanned vehicle];加拿大、英国、巴西、墨西哥、越南、菲律宾、俄罗斯侧重于 [driverless vehicle]、[bullet train]、[hot-air balloon]、[private car]、[computing device];德国、印度、法国、奥地利侧重于 [driverless transport vehicle], [motor vehicle], [transport vehicle], [driverless transport system], [driverless vehicle]；澳大利亚、新加坡、中国香港、印度尼西亚侧重于 [driverless vehicle], [bullet train], [hot-air balloon], [private car], [computing device]。

从技术类别看，中国台湾地区、加拿大、英国、巴西、墨西哥、俄罗斯、意大利侧重于 [t01（digital computers）], [w06（aviation, marine and radar systems）], [t06（process and machine control）], [s02（engineering instrumentation）], [w01（telephone and data transmission systems）]；中国、世界知识产权组织、印度、澳大利亚、法国、瑞典侧重于 [t01（digital computers）], [t06（process and machine control）], [w06（aviation, marine and radar systems）], [x22（automotive electrics）], [s02（engineering instrumentation）]；美国、德国、欧洲专利局、日本、韩国、奥地利侧重于 [t01（digital computers）], [t06（process and machine control）], [w06（aviation, marine and radar systems）], [x22（automotive electrics）], [w01（telephone and data transmission systems）]；新加坡、中国香港、越南、菲律宾、印度尼西亚侧重于 [t01（digital computers）], [w01（telephone and data transmission systems）], [w02（broadcasting, radio and line transmission systems）], [w06（aviation, marine and radar systems）], [q35（refuse collection, conveyors（b65f, g））]。

从技术方向看，中国、美国、德国、世界知识产权组织、欧洲专利局、日本、韩国、中国台湾地区、法国、瑞典、奥地利、意大利侧重于 [t01-j07d3a], [t06-b01a], [t01-j07d1], [t01-s03], [t06-d07b]；印度、新加坡、中国香港、越南、菲律宾、印度尼西亚、俄罗斯侧重于 [t01-s03], [t01-j07d1], [t01-j07d3a], [t01-n02a3c], [x22-p15]；澳大利亚、加拿大、英国、巴西、墨西哥侧重于 [t01-s03], [t01-n02a3c], [t01-j07d3a], [t01-j07d1], [t01-j07d5]。

# 九、申请人合著与竞争分析

## （一）申请人专利家族数量

统计该技术主题申请人专利家族总量及其占比，如表 8-4 所示。排序前 5 位的分别为 [daimler ag（daim-c）]，[bosch gmbh robert（bosc-c）]，[beijing didi infinity technology & dev（didc-c）]，[beijing didiwuxian technology dev co ltd（didc-c）]，[baidu online network technology beijing（bidu-c）]，数量分别达到 47 件、28 件、26 件、25 件和 23 件。表中百分比为根据共现关系计算的申请人隶属关系可能性。

表 8-4　主要申请人专利家族数量表

| 序号 | 申请人 | 专利家族数量（件） | 比重（%） | 所属国家（机构） |
|---|---|---|---|---|
| 1 | daimler ag（daim-c） | 47 | 4.0000 | 德国 [90.3846%] |
| 2 | bosch gmbh robert（bosc-c） | 28 | 2.0000 | 德国 [38.3562%] |
| 3 | beijing didi infinity technology & dev（didc-c） | 26 | 2.0000 | 世界知识产权组织 [19.8473%] |
| 4 | beijing didiwuxian technology dev co ltd（didc-c） | 25 | 2.0000 | 世界知识产权组织 [19.2308%] |
| 5 | baidu online network technology beijing（bidu-c） | 23 | 2.0000 | 中国 [56.0976%] |
| 6 | sick ag（siop-c） | 22 | 2.0000 | 欧洲专利局 [34.0909%] |
| 7 | deepmap inc（deep-non-standard） | 22 | 2.0000 | 美国 [66.6667%] |
| 8 | bayerische motoren werke ag（baym-c） | 18 | 1.0000 | 德国 [57.6923%] |
| 9 | mitsubishi nichiyu forklift co ltd（mito-c） | 17 | 1.0000 | 日本 [100.0000%] |
| 10 | sew eurodrive gmbh & co kg（sewd-c） | 16 | 1.0000 | 德国 [43.2432%] |
| 11 | waymo llc（goog-c） | 15 | 1.0000 | 美国 [46.8750%] |
| 12 | zoox inc（zoox-non-standard） | 15 | 1.0000 | 美国 [50.0000%] |

续表

| 序号 | 申请人 | 专利家族数量（件） | 比重（%） | 所属国家（机构） |
|---|---|---|---|---|
| 13 | beijing baidu netcom sci & technology co（bidu-c） | 15 | 1.0000 | 中国 [50.0000%] |
| 14 | luminar technologies inc（lumi-non-standard） | 14 | 1.0000 | 美国 [63.6364%] |
| 15 | uber technologies inc（uber-c） | 14 | 1.0000 | 美国 [100.0000%] |
| 16 | audi ag（nsum-c） | 13 | 1.0000 | 德国 [42.8571%] |
| 17 | int business machines corp（ibmc-c） | 13 | 1.0000 | 美国 [100.0000%] |
| 18 | mitsubishi logisnext co ltd（mito-c） | 13 | 1.0000 | 日本 [100.0000%] |
| 19 | kuka deut gmbh（kuka-c） | 12 | 1.0000 | 德国 [26.6667%] |
| 20 | kuka roboter gmbh（kuka-c） | 12 | 1.0000 | 德国 [24.4898%] |
| 21 | toyota jidosha kk（toyt-c） | 11 | 1.0000 | 日本 [34.4828%] |
| 22 | siemens ag（siei-c） | 10 | 0.0000 | 世界知识产权组织 [30.4348%] |
| 23 | google inc（goog-c） | 10 | 0.0000 | 美国 [55.5556%] |
| 24 | volkswagen ag（vols-c） | 9 | 0.0000 | 德国 [29.1667%] |
| 25 | ford global technologies llc（ford-c） | 9 | 0.0000 | 美国 [34.6154%] |
| 26 | li x（lixx-individual） | 9 | 0.0000 | 中国 [100.0000%] |
| 27 | gm global technology operations inc（genk-c） | 6 | 0.0000 | 美国 [42.8571%] |
| 28 | samsung electronics co ltd（smsu-c） | 6 | 0.0000 | 韩国 [29.4118%] |
| 29 | ordos pudu technology co ltd（ordo-non-standard） | 6 | 0.0000 | 中国 [100.0000%] |
| 30 | univ tianjin（utij-c） | 5 | 0.0000 | 中国 [100.0000%] |

## （二）申请人专利家族趋势

提取历年主要申请人绘制申请人趋势图，如图8-17所示。据图可知，2010年主要为[ba systemes（basy-non-standard）]，[sick ag（siop-c）]，[sew eurodrive gmbh&co kg（sewd-c）]，[capoco design ltd（capo-non-standard）]，[fraunhofer ges foerderung angewandten ev（frau-c）]，[reeve d r（reev-individual）]，

第八章 汽车智能驾驶技术专利分析

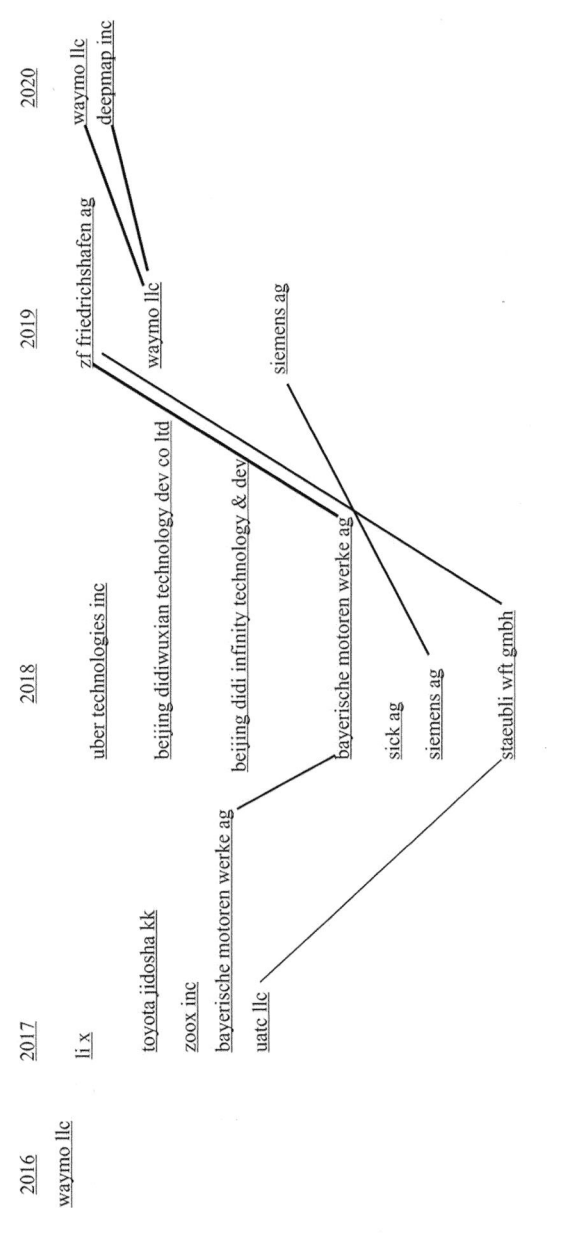

图 8-17 申请人演化趋势图

[eizad z(eiza-individual)], [ramm a f(ramm-individual)], [freed s(free-individual)], [chinese pla artillery acad college (chpl-non-standard)]; 2011—2015 年主要为 [daimler ag (daim-c)], [bosch gmbh robert (bosc-c)], [sew eurodrive gmbh & co kg (sewd-c)], [google inc (goog-c)], [kuka roboter gmbh (kuka-c)], [sick ag (siop-c)], [audi ag (nsum-c)], [ssi schaefer noell gmbh lager & systemte (ssis-non-standard)], [volkswagen ag (vols-c)], [int business machines corp (ibmc-c)]; 2016—2020 年主要为 [beijing didi infinity technology & dev (didc-c)], [beijing didiwuxian technology dev co ltd (didc-c)], [deepmap inc (deep-non-standard)], [baidu online network technology beijing (bidu-c)], [bosch gmbh robert (bosc-c)], [mitsubishi nichiyu forklift co ltd (mito-c)], [daimler ag (daim-c)], [bayerische motoren werke ag (baym-c)], [beijing baidu netcom sci & technology co (bidu-c)], [sick ag (siop-c)]。

## （三）申请人合著关系

申请人合著关系，如图 8-18 所示。图中节点大小与专利家族数量多少成正比，节点红、绿、黄色分别表示署名第一、第二、第三及以后的专利家族文献数量。图中连线粗细与合著数量多少成正比。

从图 8-18 中可以看出，合著关系显著的 [daimler ag (daim-c)], [bosch gmbh robert (bosc-c)]; [beijing didi infinity technology & dev (didc-c)], [beijing didiwuxian technology dev co ltd (didc-c)]; [mitsubishi nichiyu forklift co ltd (mito-c)], [mitsubishi logisnext co ltd (mito-c)]; [waymo llc (goog-c)], [google inc (goog-c)]; [kuka deut gmbh (kuka-c)], [kuka roboter gmbh (kuka-c)]; [audi ag (nsum-c)], [volkswagen ag (vols-c)]。

# 第八章 汽车智能驾驶技术专利分析

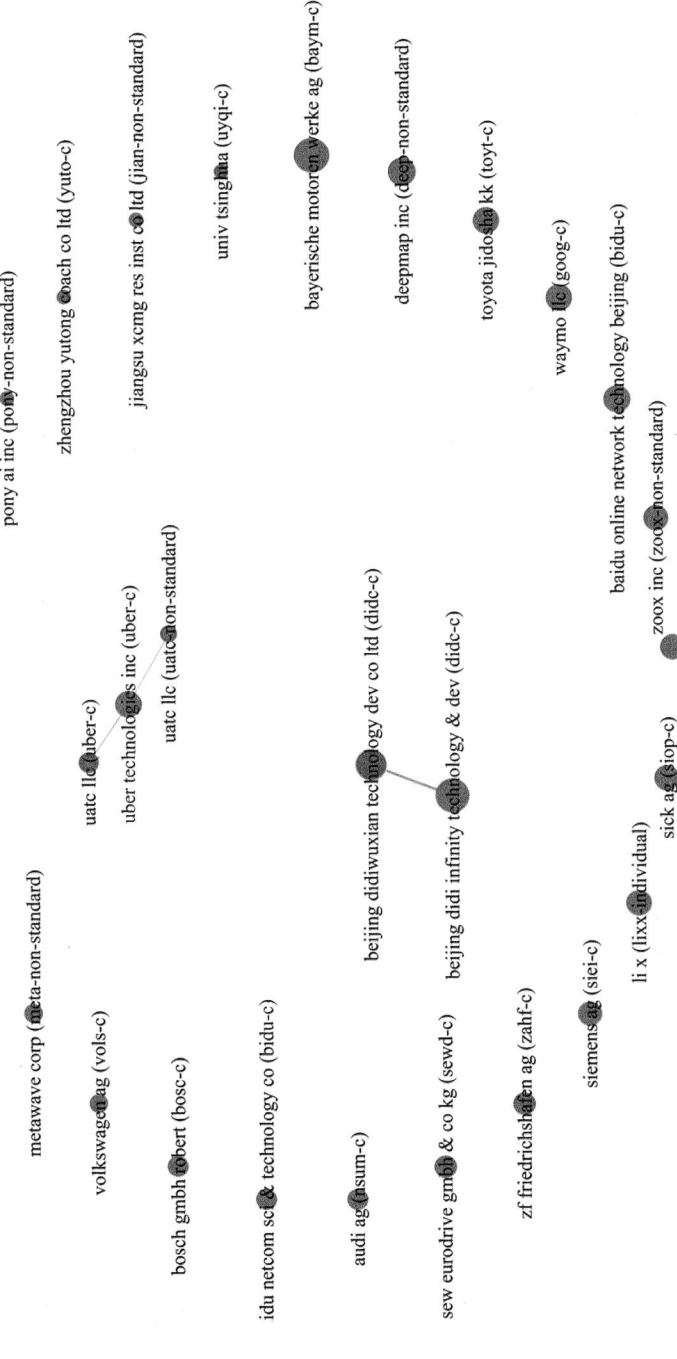

图 8-18 申请人合著关系图

## （四）申请人技术侧重与技术关联

挖掘申请人的技术主题词侧重，计算申请人之间的技术关联强度，揭示申请人之间的技术竞争，如图 8-19 所示。图 8-19 节点大小与专利家族文献数量多少成正比，图中连线粗细与申请人之间的技术关联强度成正比。节点标注文字为该申请人名称及其应用最多的三个技术主题词和专利家族技术类别编码。

关联关系显著的 [baidu online network technology beijing（bidu-c）、deepmap inc（deep-non-standard）、zoox inc（zoox-non-standard）]，[beijing baidu netcom sci & technology co（bidu-c）]，[uber technologies inc（uber-c）]，[int business machines corp（ibmc-c）]，[ford global technologies llc（ford-c）]，[gm global technology operations inc（genk-c）]，[univ tianjin（utij-c）]；[daimler ag（daim-c）]，[bosch gmbh robert（bosc-c）]，[bayerische motoren werke ag（baym-c）]，[audi ag（nsum-c）]，[volkswagen ag（vols-c）]，[lix（lixx-individual）]，[ordos pudu technology co ltd（ordo-non-standard）]；[sick ag（siop-c）]，[sew eurodrive gmbh & co kg（sewd-c）]，[kuka deut gmbh（kuka-c）]，[kuka roboter gmbh（kuka-c）]，[siemens ag（siei-c）]；[waymo llc（goog-c）]，[luminar technologies inc（lumi-non-standard）]，[google inc（goog-c）]，[samsung electronics co ltd（smsu-c）]；[mitsubishi nichiyu forklift co ltd（mito-c）]，[mitsubishi logisnext co ltd（mito-c）]，[toyota jidosha kk（toyt-c）]。

从主题角度看，[baidu online network technology beijing（bidu-c）]，[deepmap inc（deep-non-standard）]，[zoox inc（zoox-non-standard）]，[beijing baidu netcom sci & technology co（bidu-c）]，[uber technologies inc（uber-c）]，[int business machines corp（ibmc-c）]，[ford global technologies llc（ford-c）]，[gm global technology operations inc（genk-c）]，[univ tianjin（utij-c）]，侧重于 [autonomous

第八章 汽车智能驾驶技术专利分析

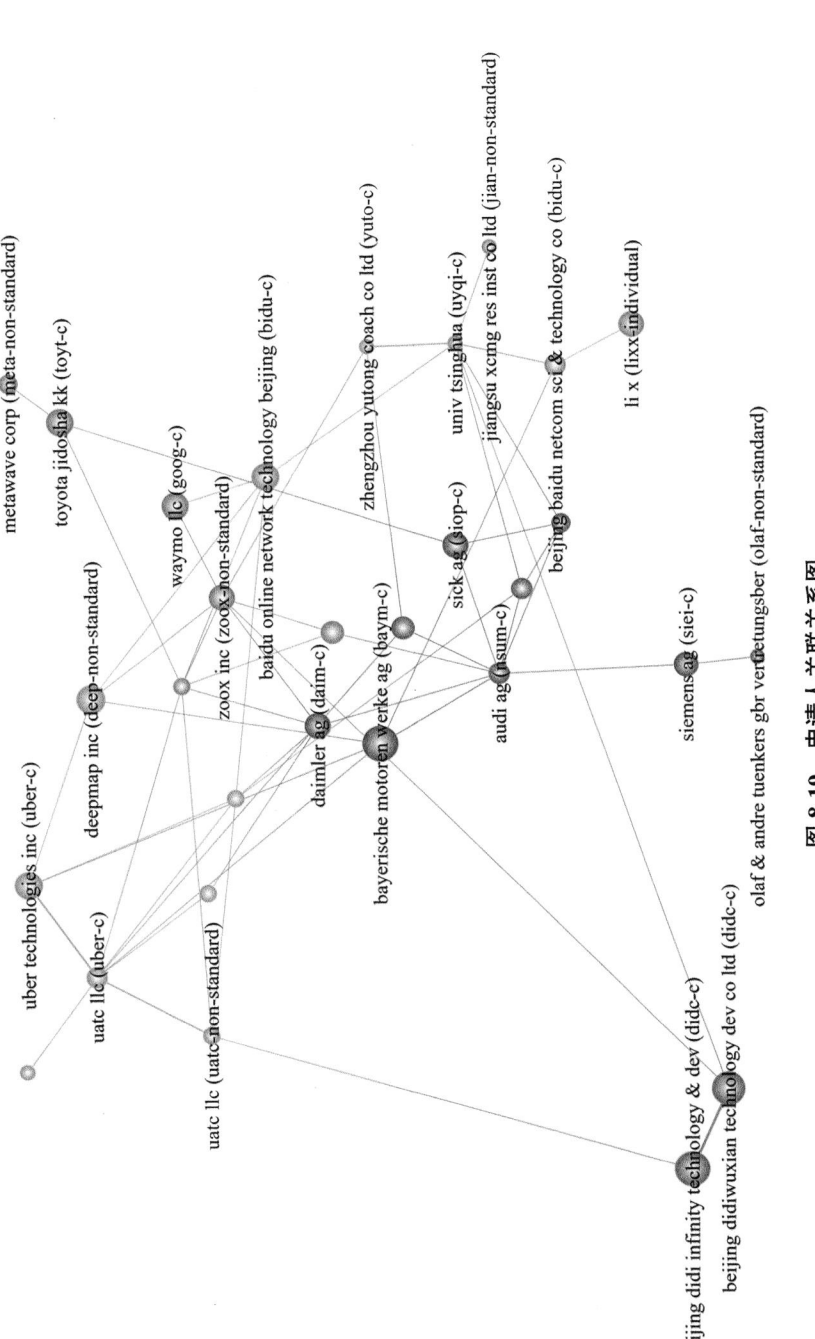

图 8-19 申请人关联关系图

vehicle], [driverless vehicle], [high definition], [safe navigation], [self-driving car]；[daimler ag（daim-c）], [bosch gmbh robert（bosc-c）], [bayerische motoren werke ag（baym-c）], [audi ag（nsum-c）], [volkswagen ag（vols-c）], [li x（lixx-individual）], [ordos pudu technology co ltd（ordo-non-standard）], 侧重于 [driverless transport vehicle], [motor vehicle], [computer program], [driverless transport vehicles], [production plant]；[sick ag（siop-c）], [sew eurodrive gmbh & co kg（sewd-c）], [kuka deut gmbh（kuka-c）], [kuka roboter gmbh（kuka-c）], [siemens ag（siei-c）], 侧重于 [driverless transport system], [driverless transport vehicle], [evaluation unit], [driverless vehicle], [laser scanner]；[waymo llc（goog-c）], [luminar technologies inc（lumi-non-standard）], [google inc（goog-c）], [samsung electronics co ltd（smsu-c）], 侧重于 [autonomous car], [light source], [robotic car], [self-driving car], [lidar system]；[mitsubishi nichiyu forklift co ltd（mito-c）], [mitsubishi logisnext co ltd（mito-c）], [toyota jidosha kk（toyt-c）], 侧重于 [cargo handling vehicle], [driverless operation], [cargo handling vehicle system], [control program], [management apparatus]。

从技术类别看，[beijing didi infinity technology & dev（didc-c）], [beijing didiwuxian technology dev co ltd（didc-c）], [baidu online network technology beijing（bidu-c）], [deepmap inc（deep-non-standard）], [waymo llc（goog-c）], [beijing baidu netcom sci & technology co（bidu-c）], [uber technologies inc（uber-c）], [int business machines corp（ibmc-c）], [li x（lixx-individual）], 侧重于 [t01（digital computers）], [t06（process and machine control）], [w06（aviation, marine and radar systems）], [w01（telephone and data transmission systems）], [t04（computer peripheral equipment）]；[zoox inc（zoox-non-standard）], [audi ag（nsum-c）]，[kuka deut gmbh（kuka-c）]，[kuka roboter gmbh（kuka-c）、toyota jidosha kk（toyt-c）]，[siemens ag（siei-c）]，[univ tianjin（utij-c）]，侧重于[t06（process and machine control）]，[t01（digital computers）]，[p62（hand tools, cutting（b25, b26）.）]，[x22（automotive electrics）]，[q16（vehicle servicing, maintenance, cleaning equipment, vehicle design and manufacture（b60s））]；[bosch gmbh robert（bosc-c）]，[bayerische motoren werke ag（baym-c）]，[volkswagen ag（vols-c）]，[ford global technologies llc（ford-c）]，[gm global technology operations inc（genk-c）]，[ordos pudu technology co ltd（ordo-non-standard）]，侧重于[t01（digital computers）]，[x22（automotive electrics）]，[t06（process and machine control）]，[t07（traffic control systems）]，[w06（aviation, marine and radar systems）]；daimler ag（daim-c）、mitsubishi nichiyu forklift co ltd（mito-c）、sew eurodrive gmbh & co kg（sewd-c）、mitsubishi logisnext co ltd（mito-c），侧重于[hauling]，[lifting]，[q38（hoisting]，[trucks（b66））]，[q35（refuse collection, conveyors（b65f, g））]；sick ag（siop-c）、luminar technologies inc（lumi-non-standard）、google inc（goog-c）、samsung electronics co ltd（smsu-c），侧重于[w06（aviation, marine and radar systems）]，[s02（engineering instrumentation）]，[t01（digital computers）]，[t06（process and machine control）]，[x22（automotive electrics）]。

从技术方向看，[daimler ag（daim-c）]，[bosch gmbh robert（bosc-c）]，[bayerische motoren werke ag（baym-c）]，[audi ag（nsum-c）]，[volkswagen ag（vols-c）]，[ford global technologies llc（ford-c）]，[ordos pudu technology co ltd（ordo-non-standard）]，侧重于[t01-s03]，[q35-b]，[t01-j07d1]，[x22-j05]，[x22-p15]；[sick ag（siop-c）]，[waymo llc（goog-c）]，[luminar technologies inc（lumi-non-

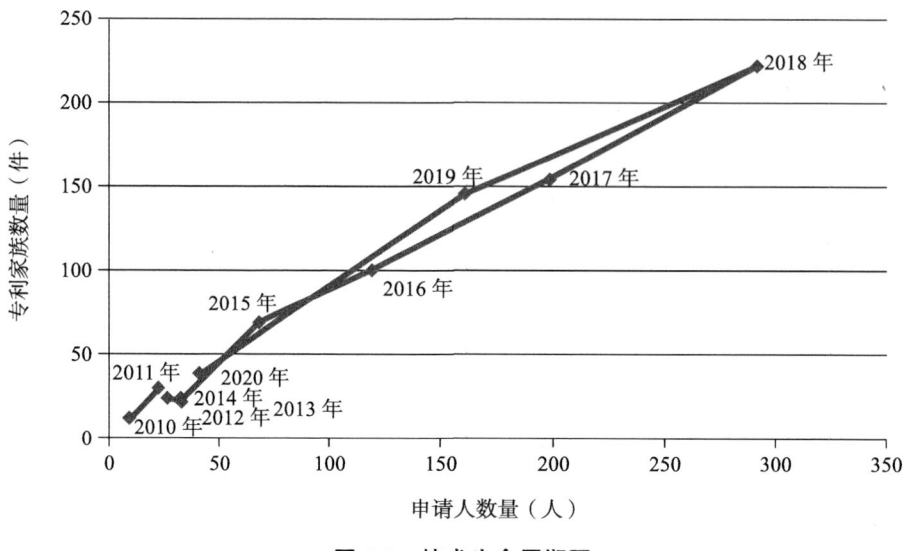

图 8-3 技术生命周期图

# 四、技术主题分布与演化分析

## (一) 技术主题分布

技术主题图通过类似于地理信息系统中的等高线图,实现对科技文本数据的可视化,并通过颜色的深浅区别数据的多少及数据之间的关系。技术主题图是进行技术主题布局分析的典型计量学方法之一。绘制智能驾驶汽车技术主题分布,如图 8-4 所示。图中每个点表示一个技术热点词,词与词之间的平面距离与词之间的关系强度成正比;颜色深浅度形成等高线,表示该词词频多少与密集程度;等高线中心山峰区域表示一个技术主题聚类。

该图展示了智能驾驶汽车技术的主要研究热点大体围绕以下热点词进行:主题聚类显著的 [autonomous vehicle], [driverless car], [self-driving car], [schematic standard）], [google inc（goog-c）], [samsung electronics co ltd（smsu-c）], 侧重于 [t06-b01a], [w06-a06d1], [w06-a06c], [w06-a06h1k], [t01-s03]；[mitsubishi nichiyu forklift co ltd（mito-c）], [sew eurodrive gmbh & co kg（sewd-c）], [mitsubishi logisnext co ltd（mito-c）], [kuka deut gmbh（kuka-c）], [kuka roboter gmbh（kuka-c）], 侧重于 [q38-b], [p31-a05], [t01-j07d1], [x25-f05a], [t06-b01a]；[beijing baidu netcom sci & technology co（bidu-c）], [toyota jidosha kk（toyt-c）], [li x（lixx-individual）], [gm global technology operations inc（genk-c）], [univ tianjin（utij-c）], 侧重于 [t01-j07d3a], [t01-j07d1], [t06-b01a], [t01-s03], [w06-a06h1k]；[beijing didi infinity technology & dev（didc-c）], [beijing didiwuxian technology dev co ltd（didc-c）], [baidu online network technology beijing（bidu-c）], [siemens ag（siei-c）], 侧重于 [t01-s03], [t01-j07d1], [t01-j07d3], [t01-n01a2], [t01-n02a3c]。

# 十、发明人合著与竞争分析

## （一）发明人专利家族数量

统计该技术主题发明人专利家族数量及其占比，如表 8-5 所示，排序前 5 位的分别为 [kai k], [wang y], [chen z], [wheeler m d], [liu y], 数量分别达到 20 件、19 件、18 件、16 件和 15 件。表中百分比为根据共现关系计算的发明人隶属关系可能性。

表 8-5　主要发明人专利家族数量表

| 序号 | 发明人 | 专利家族数量（件） | 比重（%） | 所属机构 |
|---|---|---|---|---|
| 1 | kai k | 20 | 1.0000 | mitsubishi nichiyu forklift co ltd（mito-c）[57.1429%] |

续表

| 序号 | 发明人 | 专利家族数量（件） | 比重（%） | 所属机构 |
|---|---|---|---|---|
| 2 | wang y | 19 | 1.0000 | univ tianjin（utij-c）[40.0000%] |
| 3 | chen z | 18 | 1.0000 | beijing baidu netcom sci & technology co（bidu-c）[66.6667%] |
| 4 | wheeler m d | 16 | 1.0000 | deepmap inc（deep-non-standard）[100.0000%] |
| 5 | liu y | 15 | 1.0000 | beijing didi infinity technology & dev（didc-c）[50.0000%] |
| 6 | li x | 14 | 1.0000 | li x（lixx-individual）[69.2308%] |
| 7 | wang j | 13 | 1.0000 | baidu online network technology beijing（bidu-c）[66.6667%] |
| 8 | yang l | 13 | 1.0000 | deepmap inc（deep-non-standard）[100.0000%] |
| 9 | he w | 12 | 1.0000 | beijing baidu netcom sci & technology co（bidu-c）[88.8889%] |
| 10 | nordbruch s | 12 | 1.0000 | bosch gmbh robert（bosc-c）[100.0000%] |
| 11 | wang b | 11 | 1.0000 | baidu online network technology beijing（bidu-c）[66.6667%] |
| 12 | eichenholz j m | 11 | 1.0000 | luminar technologies inc（lumi-non-standard）[100.0000%] |
| 13 | zhang y | 10 | 0.0000 | deepmap inc（deep-non-standard）[50.0000%] |
| 14 | zhang x | 10 | 0.0000 | uber technologies inc（uber-c）[40.0000%] |
| 15 | wang h | 10 | 0.0000 | baidu online network technology beijing（bidu-c）[57.1429%] |
| 16 | levinson j s | 10 | 0.0000 | zoox inc（zoox-non-standard）[100.0000%] |
| 17 | wang z | 9 | 0.0000 | beijing didiwuxian technology dev co ltd（didc-c）[50.0000%] |
| 18 | zhu j | 9 | 0.0000 | google inc（goog-c）[44.4444%] |
| 19 | wang x | 9 | 0.0000 | beijing didiwuxian technology dev co ltd（didc-c）[50.0000%] |
| 20 | li h | 9 | 0.0000 | beijing didiwuxian technology dev co ltd（didc-c）[40.0000%] |

续表

| 序号 | 发明人 | 专利家族数量（件） | 比重（%） | 所属机构 |
|---|---|---|---|---|
| 21 | schmidt j | 9 | 0.0000 | sew eurodrive gmbh & co kg（sewd-c）[57.1429%] |
| 22 | fu y | 9 | 0.0000 | ordos pudu technology co ltd（ordo-nonstandard）[100.0000%] |
| 23 | habisreitinger u | 9 | 0.0000 | daimler ag（daim-c）[100.0000%] |
| 24 | zhang j | 8 | 0.0000 | baidu online network technology beijing（bidu-c）[66.6667%] |
| 25 | liu b | 8 | 0.0000 | beijing baidu netcom sci & technology co（bidu-c）[100.0000%] |
| 26 | yang y | 8 | 0.0000 | — |
| 27 | lachapelle j g | 8 | 0.0000 | luminar technologies inc（lumi-nonstandard）[100.0000%] |
| 28 | campbell s r | 8 | 0.0000 | luminar technologies inc（lumi-nonstandard）[100.0000%] |
| 29 | liu h | 7 | 0.0000 | baidu online network technology beijing（bidu-c）[100.0000%] |
| 30 | li y | 7 | 0.0000 | beijing baidu netcom sci & technology co（bidu-c）[100.0000%] |

## （二）发明人专利家族趋势

提取历年排序靠前发明人绘制发明人演化趋势图，如图 8-20 所示。2010 年主要为 [thome j]、[le roy j]、[moulin r]、[thome j l]、[le roy j y]、[erb f]、[schmidt j]、[hua z]、[schaefer t]、[ponsford a t]；2011—2015 年主要为 [nordbruch s]、[habisreitinger u]、[klumpp w]、[reichenbach m]、[schreiber m]、[zuern m]、[zipter v]、[zhu j]、[ramanujam m]、[nishinaga e i]；2016—2020 年主要为 [kai k]、[wang y]、[chen z]、[liu y]、[wheeler m d]、[li x]、[wang j]、[wang b]、[yang l]、[he w]。

第八章 汽车智能驾驶技术专利分析

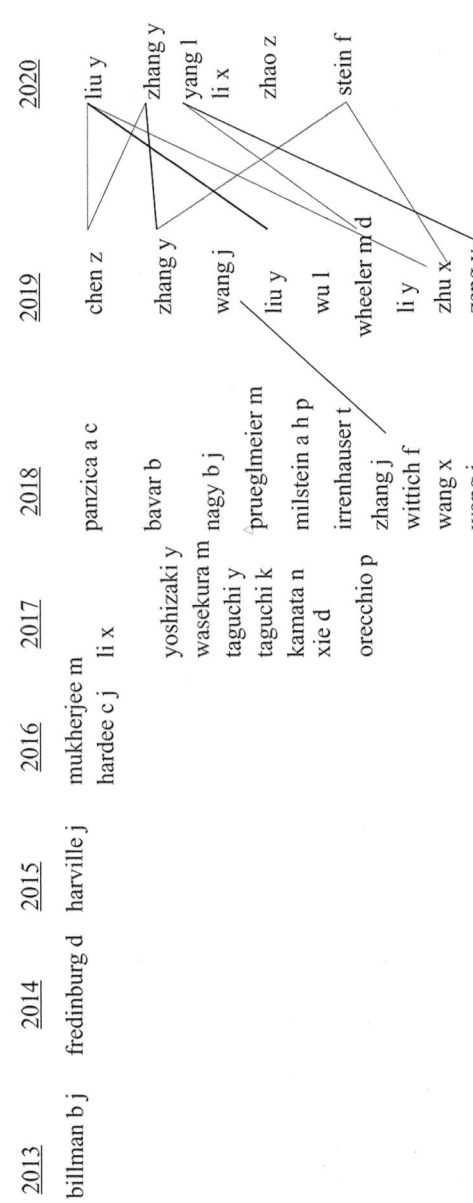

图 8-20 发明人演化趋势图

## （三）发明人合著关系

发明人合著关系，如图 8-21 所示。图中节点大小与专利家族数量多少成正比，节点红、绿、黄色分别表示署名第一、第二、第三及以后的专利家族数量。图中连线粗细与合著的专利家族数量多少成正比。

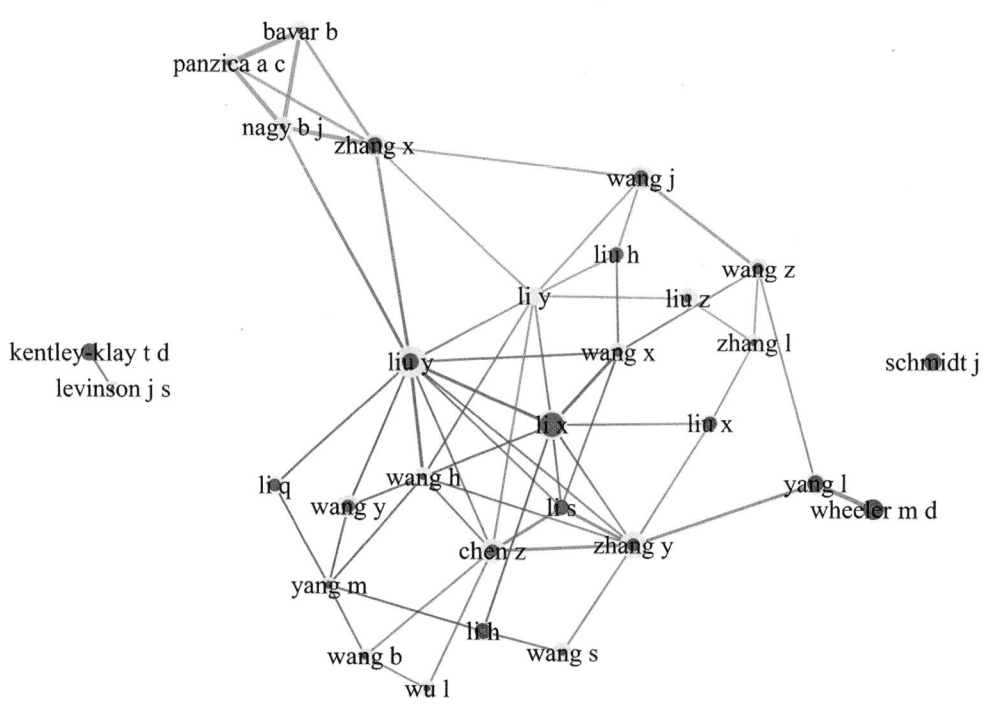

图 8-21  发明人合著关系图

从图中可以看出,合著关系显著的[wang y],[chen z],[he w],[wang b],[wang h];[liu y], [li x], [wang j], [zhang x], [wang z];[wheeler m d], [yang l], [zhang y];[eichenholz j m], [lachapelle j g], [campbell s r]。

## （四）发明人技术侧重与技术关联

利用文本挖掘技术，挖掘发明人技术主题词侧重，计算发明人之间的技术关联强度，揭示发明人之间的技术竞争，如图 8-22 所示。图中节点大小与专利家族文献数量多少成正比，图中连线粗细与发明人之间的技术关联强度成正比。节点标注文字为该发明人名称及其应用最多的三个技术主题词和专利家族技术类别编码。

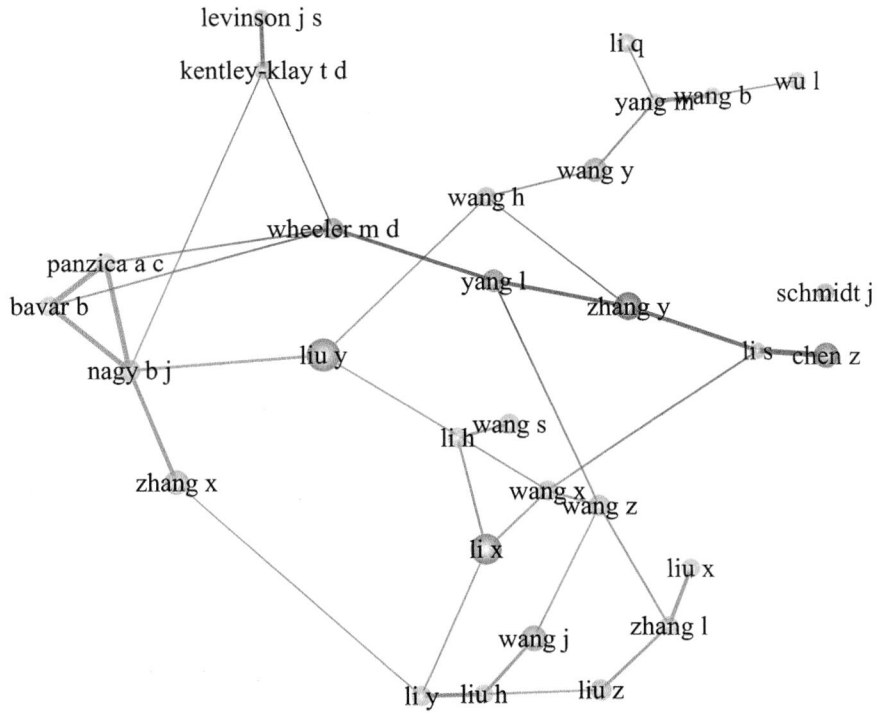

图 8-22  发明人关联关系图

关联关系显著的 kai k]、[wang y]、[nordbruch s]、[wang h]、[schmidt j]、[habisreitinger u]、[yang y；liu y]、[li x]、[zhang x]、[wang z]、[wang x]、[li h]、[fu y]；[wang j]、[wang b]、[zhang j]、[liu h]、[li y]；[chen z]、[he w]、[zhang y]、[liu b]；[eichenholz j m]、[zhu j]、[lachapelle j g]、[campbell s r]。

从主题角度看，[kai k]、[wang y]、[nordbruch s]、[wang h]、[schmidt j]、[habisreitinger u]、[yang y]，侧重于[cargo handling vehicle]、[driverless operation]、[cargo handling vehicle system]、[management apparatus]、[control program]；[liu y]、[li x]、[zhang x]、[wang z]、[wang x]、[li h]、[fu y]，侧重于[driverless vehicle]、[top part]、[unmanned vehicle]、[light detection]、[light source]；[wang j]、[wang b]、[zhang j]、[liu h]、[li y]，侧重于[driverless vehicle]、[unmanned vehicle]、[right sides]、[driverless car]、[control method]；[chen z]、[he w]、[zhang y]、[liu b]，侧重于[driverless vehicle]、[control instruction]、[cloud server]、[collection period]、[current time]；[eichenholz j m]、[zhu j]、[lachapelle j g]、[campbell s r]，侧重于[autonomous car]、[robotic car]、[self-driving car]、[lidar system]、[light detection]。

从技术类别看，[kai k]、[chen z]、[li x]、[he w]、[wang b]、[wang z]、[schmidt j]、[habisreitinger u]、[zhang j]、[yang y]，侧重于[hauling]、[lifting]、[q38（hoisting]、[trucks（b66））]、[t01（digital computers）]；[wang y]、[wheeler m d]、[wang j]、[yang l]、[zhang y]、[zhang x]、[levinson j s]、[liu h]，侧重于[t01（digital computers）]、[t06（process and machine control）]、[w06（aviation，marine and radar systems）]、[w04（audio/video recording and systems）]、[t04（computer peripheral equipment）]；liu y、wang h、wang x、li h、li y，侧重于[t01（digital computers）]、[w06（aviation，marine and radar systems）]、[t06（process and machine control）]、[s02（engineering instrumentation）]、[v07（fibre-optics and light control）]；[eichenholz j m]、[zhu j]、 [lachapelle j g]，[campbell s r]，侧重于[w06（aviation，marine and radar systems）]，[t01（digital computers）]，[t06（process and machine control）]，[s03（scientific instrumentation）]，[p81（optics（g02））]；[nordbruch s]，[fu y]，[liu b]，侧重于[t01（digital computers）]，[x22（automotive electrics）]，[t07（traffic control systems）]，[s02（engineering instrumentation）]，[t06（process and machine control）]。

从技术方向看，[kai k]，[wang y]，[wheeler m d]，[yang l]，[zhang x]，[levinson j s]，[schmidt j]，[habisreitinger u]，侧重于[q38-b]，[t01-j07d3a]，[t06-d07b]，[t01-j10b2]，[t06-b01a]；[chen z]，[he w]，[wang h]，[fu y]，[liu b]，[yang y]，侧重于[t01-j07d1]，[t01-j07d3a]，[t01-n02a3c]，[t01-s03]，[t01-n01d3]；[liu y]，[li x]，[zhang y]，[wang x]，[li h]，[liu h]，侧重于[t01-j07d3a]，[t01-j07d1]，[t06-b01a]，[t01-j10b2]，[w06-a06h1k]；[wang j]，[nordbruch s]，[wang b]，[wang z]，[zhang j]，[li y]，侧重于[t01-s03]，[x22-j05]，[t06-b01a]，[t01-j07d1]，[x22-c05b]；[eichenholz j m]，[zhu j]，[lachapelle j g]，[campbell s r]，侧重于[w06-a06d1]，[t01-j07d3a]，[t01-s03]，[w06-a06h1k]，[w06-a06c2]。

# 十一、结论与启示

## （一）发展趋势

截止到2020年8月27日，在Web of Science的德温特专利数据库检索得到智能驾驶汽车技术文献总量1001篇，总体呈现递增趋势。2011年、2015年数量增加较为显著，2018年数量达到顶峰为291篇。绘制技术生命周期图，判断该技术主题目前处于成长期。

## （二）热点与演化

从主题词角度看，智能驾驶汽车技术技术热点集中主题聚类显著的[autonomous vehicle]，[driverless car]，[self-driving car]，[schematic block diagram]，[robotic car]；[driverless vehicle]，[driverless vehicles]，[vehicle e.g]，[schematic diagram]，[computing device]；[driverless transport vehicle]，[motor vehicle]，[transport vehicle]，[control unit]，[driverless transport system]；[unmanned vehicle]，[control system]，[driverless operation]，[parking space]，[cargo handling vehicle]；[driverless cars]，[autonomous vehicles]，[sensor data]，[computer system]，[current location]。

2010年主要为[electric current supply unit]，[mobile unit]，[autonomous vehicles]，[m scanning processes]，[motor vehicle]，[detection area]，[laser scanner]，[cellular route system]，[vehicle assembly]，[public highway system]；2011—2015年主要为[motor vehicle]，[autonomous vehicle]，[driverless transport vehicle]，[transport vehicle]，[driverless vehicle]，[production plant]，[mobile part]，[driverless transportation system]，[driverless transport system]，[driverless transport vehicles]；2016—2020年主要为[driverless vehicle]，[autonomous vehicle]，[unmanned vehicle]，[driverless transport vehicle]，[driverless car]，[driverless cars]，[motor vehicle]，[sensor data]，[transport vehicle]，[autonomous vehicles]。

从技术类别角度看，排序前5位的分别为[t01（digital computers）]，[t06（process and machine control）]，[w06（aviation, marine and radar systems）]，[x22（automotive electrics）]，[s02（engineering instrumentation）]，数量分别达到519、288、189、174、80篇。

2010年主要为[t06（process and machine control）]，[t01（digital computers）]， [s02（engineering instrumentation）]，[q38（hoisting），[lifting]，[hauling]，[trucks（b66））]，[s03（scientific instrumentation）]，[s01（electrical instruments）]，[u24（amplifiers and low power supplies）]；2011—2015 年主要为 [t01（digital computers）]，[x22（automotive electrics）]，[t06（process and machine control）]，[w06（aviation，marine and radar systems）]，[q35（refuse collection，conveyors（b65f，g）]，[s02（engineering instrumentation）]，[q38（hoisting]，[lifting]，[hauling]，[trucks（b66）]；2016—2020 年主要为 [t01（digital computers）]，[t06（process and machine control）]，[w06（aviation，marine and radar systems）]，[x22（automotive electrics）]，[s02（engineering instrumentation）]，[w01（telephone and data transmission systems）]，[w05（alarms，signalling，telemetry and telecontrol）]，[t07（traffic control systems）]，[q38（hoisting]，[lifting]。

## （三）研发力量

从受理国和地区角度看，排序前 5 位的分别为中国、美国、德国、世界知识产权组织、欧洲专利局，数量分别达到 440 件、409 件、266 件、225 件、161 件。

关联关系显著的中国、美国、世界知识产权组织、欧洲专利局、日本、韩国、瑞典、意大利；加拿大、英国、巴西、墨西哥、越南、菲律宾、俄罗斯；德国、印度、法国、奥地利；澳大利亚、新加坡、印度尼西亚。

从申请人角度看，排序前 5 位的分别为 [daimler ag（daim-c）]，[bosch gmbh robert（bosc-c）]，[beijing didi infinity technology & dev（didc-c）]，[beijing didiwuxian technology dev co ltd（didc-c）]，[baidu online network technology beijing（bidu-c）]，数量分别达到 47、28、26、25 和 23。

baidu online network technology beijing（bidu-c）、deepmap inc（deep-non-standard）、zoox inc（zoox-non-standard）、beijing baidu netcom sci & technology co（bidu-c）、uber technologies inc（uber-c）、int business machines corp（ibmc-c）、ford global technologies llc（ford-c）、gm global technology operations inc（genk-c）、univ tianjin（utij-c），侧重于[autonomous vehicle]，[driverless vehicle]，[high definition]，[safe navigation]，[self-driving car]；daimler ag（daim-c）、bosch gmbh robert（bosc-c）、bayerische motoren werke ag（baym-c）、audi ag（nsum-c）、volkswagen ag（vols-c）、li x（lixx-individual）、ordos pudu technology co ltd（ordo-non-standard），侧重于[driverless transport vehicle]，[motor vehicle]，[computer program]，[driverless transport vehicles]，[production plant]；sick ag（siop-c）、sew eurodrive gmbh & co kg（sewd-c）、kuka deut gmbh（kuka-c）、kuka roboter gmbh（kuka-c）、siemens ag（siei-c），侧重于[driverless transport system]，[driverless transport vehicle]，[evaluation unit]，[driverless vehicle]，[laser scanner]；waymo llc（goog-c）、luminar technologies inc（lumi-non-standard）、google inc（goog-c）、samsung electronics co ltd（smsu-c），侧重于[autonomous car]，[light source]，[robotic car]，[self-driving car]，[lidar system]；mitsubishi nichiyu forklift co ltd（mito-c）、mitsubishi logisnext co ltd（mito-c）、toyota jidosha kk（toyt-c），侧重于[cargo handling vehicle]，[driverless operation]，[cargo handling vehicle system]，[control program]，[management apparatus]。

从发明人角度看，排序前5位的分别为[kai k]，[wang y]，[chen z]，[wheeler m d]，[liu y]，数量分别达到20、19、18、16、15。